PUHUA BOOKS

我
们
一
起
解
决
问
题

数据治理与数字化转型丛书

CCID赛迪

DATA GOVERNANCE
AND DATA SECURITY

数据治理与数据安全

张　莉◎主编

中国电子信息产业发展研究院◎编著

人民邮电出版社

北　京

图书在版编目（CIP）数据

数据治理与数据安全 / 张莉主编；中国电子信息产业发展研究院编著. -- 北京：人民邮电出版社，2019.9
ISBN 978-7-115-51590-2

Ⅰ. ①数… Ⅱ. ①张… ②中… Ⅲ. ①数据处理—安全技术 Ⅳ. ①TP274

中国版本图书馆CIP数据核字(2019)第128189号

内 容 提 要

随着数字经济时代的到来，数据的价值不断被发掘。但是，围绕数据价值的挖掘也出现了诸多问题。例如，因为数据过于海量以及数据产权不明确导致用户不会用，因数据使用和保护不当引起隐私泄露等安全事件，等等。本书正是围绕这些问题，以"数据治理与数据安全"为主题展开论述。

首先，本书对数据治理的对象、主题、框架和方式等进行分析，使读者认识到数字经济时代数据流动的重要性和巨大意义。然后，本书从国内、国际两个方面进行阐述，力图为政府和企业开展个人信息保护、推进数据开放共享及跨境流动战略出谋划策。最后，本书基于我国的实际情况，借鉴国际经验，针对数据开放共享中存在的问题提出了具体落地的数据治理策略。总之，本书具有很高的理论意义和应用推广价值。

本书适合政府机构、科研机构、企事业单位中从事数据治理与安全工作的人员及高等院校相关专业的师生阅读。

◆ 主　　编　张　莉
　 编　　著　中国电子信息产业发展研究院
　 责任编辑　张国才
　 责任印制　彭志环

◆ 人民邮电出版社出版发行　　北京市丰台区成寿寺路 11 号
　 邮编　100164　　电子邮件　315@ptpress.com.cn
　 网址　https://www.ptpress.com.cn
　 涿州市般润文化传播有限公司印刷

◆ 开本：700×1000　1/16
　 印张：17.5　　　　　　　　2019 年 9 月第 1 版
　 字数：200 千字　　　　　　2025 年 2 月河北第 28 次印刷

定价：69.00 元

读者服务热线：**(010)81055656**　印装质量热线：**(010)81055316**
反盗版热线：**(010)81055315**

编 委 会

当今世界，信息技术创新日新月异，数字化、网络化、智能化深入发展，在推动经济社会发展、促进国家治理体系和治理能力现代化、满足人民日益增长的美好生活需要方面发挥着越来越重要的作用。党的十九大描绘了决胜全面建成小康社会、开启全面建设社会主义现代化国家新征程、实现中华民族伟大复兴的宏伟蓝图，对建设网络强国、数字中国、智慧社会做出了战略部署。2017 年 12 月 8 日，习近平总书记在主持中共中央政治局第二次集体学习时指出，"大数据是信息化发展的新阶段"。2018 年 4 月 22 日，习近平总书记在致首届数字中国建设峰会的贺信中强调："加快数字中国建设，就是要适应我国发展新的历史方位，全面贯彻新发展理念，以信息化培育新动能，用新动能推动新发展，以新发展创造新辉煌。"2018 年 5 月 26 日，习近平总书记在致 2018 中国国际大数据产业博览会贺信中重申"全面实施国家大数据战略，助力中国经济从高速增长转向高质量发展"。当前，信息化、大数据、数字经济等高频词语已成为世界各国推动经济社会可持续发展的着力点和竞争点。

在数字经济的发展历程中，数据起到了核心和关键作用。《经济学人》杂志曾将数据比喻为"21 世纪的石油"，数据的重要性不言而喻。但是，数据毕竟具有诸多不同于石油的特征。例如，不仅不稀缺，反而可再生；不仅不排他，反而可以多方利用；不仅价值不长久，反而具有时效性，等等。因此，对数据价值的挖掘，必须有别于对石油等传统资源的利用方式。

实际上，人们对数据价值的认识也经历了由浅入深、由简单趋向复杂的过程。总体来看，这个认知过程主要分为三个阶段：第一阶段是数据资源阶段，数据是记录、反映现实世界的一种资源；第二阶段是数据资产阶段，数据不仅是一种资源，还是一种资产，是个人或企业资产的重要组成部分，是创造财富的基础；第三阶段是数据资本阶段，数据的资源和资产的特性得到进一步发挥，与价值进行结合，通过交易等各种流动方式，最终变为资本。

不过，无论数据是资源、资产还是资本，其价值发挥在于汇聚、打通及利用。用一句话形容，就是数据"活"于流动之中。近些年，业界学界兴起了"数据治理"一词，并衍生出一系列模型和框架。其归根结底就是要实现数据的流动，避免数据成为一滩滩"死水"，一个个"孤岛"，在互联互通中最大程度地挖掘和释放数据的价值。

那么，数据如何流动？靠什么流动？推动数据开放共享是核心！当前，数据流动是通过数据开放、数据交换和数据交易等方式实现的。其中，数据开放主要指占据全社会数据资源约 80% 的政府数据的开放共享，数据交换和数据交易主要指政府与企业、企业与企业之间的数据开放共享。不过，与石油市场已经建立了一套权属和边界都很清晰的成熟交易规则不同，数据交易赖以开展的基础和前提——数据产权，在目前还是一个说不清、道不明的新鲜事物。而且，对于数据开放共享过程中的"大数据杀熟""千人千价"等数据滥用、个人信息严重泄露等数据安全问题，我国目前也缺乏有效的应对措施。这些都成为当前数据治理领域的热点和难点，也是本书探讨的重点。

以上都是国内方面的情况。在国际方面，因为数据的跨境流动，也引发了人们对数据主权、数据本地化等问题的热烈讨论。例如，2018 年 10 月科技部针对基因信息违法出境做出处罚等事件，都是业界关注的焦点，也是本书呼吁社会各界加强重视的重要部分。

从内容上看，本书共分为 7 章。

第 1 章从数据治理的基本概念入手，探讨了数据与大数据的区别，数据体现出的资源、资产、资本的价值，阐述了我们对数据治理概念的理解，涉及数据治理的对象、主体、框架和方式，尤其是探讨了数字经济时代数据流动的重要性和巨大意义。我们认为，数据治理的核心就是推动数据自由、安全地流动，以便最大程度地挖掘和释放数据价值。要促使数据流动，国内层面主要就是推动数据的开放共享，实现数据"聚""通""用"。

第 2 章描述了当前数据开放共享存在的一系列问题。例如，因为不了解或太了解数据价值而产生的"不愿"开放共享的心理，因为数据安全问题频发而产生的"不敢"开放共享的心理，因为数据产权、数据定价等问题不明确而导致的"不会"开放共享的心理，这些原因都是数据开放共享的阻碍和掣肘因素。

第 3 章针对当前业界由于数据产权模糊不清所发生的争夺数据等矛盾和冲突事件提出了三个问题，即数据是谁的？谁在用数据？数据收益归谁？这三个问题正是本书分析数据产权的三个维度。

第 4 章指出了数字经济时代数据在给人类生产、生活带来巨大便利的同时也诱发了很多问题。例如，商家使用"千人千价""动态定价"及"大数据杀熟"等方法，以钻法律空子、打擦边球的不正当方式赚取巨额利润；不法分子利用黑客技术盗取个人信息，造成个人信息泄露、用户画像被恶意利用等。这些数据滥用和数据安全问题将成为影响数据价值释放的"绊脚石"。

第 5 章主要阐述了国际层面的数据流动，即数据跨境流动。这一章梳理了数据主权的概念，分析了当前很多国家推行的数据本地化政策对数据保护的作用，以及对经济发展的延缓，同时列举了基因信息违法出境的案例，说明数据跨境流动是一把双刃剑，需要客观看待。

第 6 章主要描述了当前世界主要大国在推动数据流动、探索数据治理方面做出的努力，重点从数据开放共享、个人信息保护和数据跨境流动等方面进行论述。

第 7 章基于我国的实际情况，借鉴国际经验，主要针对前文提出的问题，分别提出治理策略。

数据治理是一个全新的话题，业界学界都未有定论，本书的出版是我院在这个领域开展研究的第一步，未来我们将继续深入研究，推出更多相关的成果。当然，本书写作过程中，由于时间仓促，加上作者水平有限，书中难免有纰漏，恳请广大读者批评指正。

Contents
目录

第 1 章

流数不腐：
数据"活"于流动

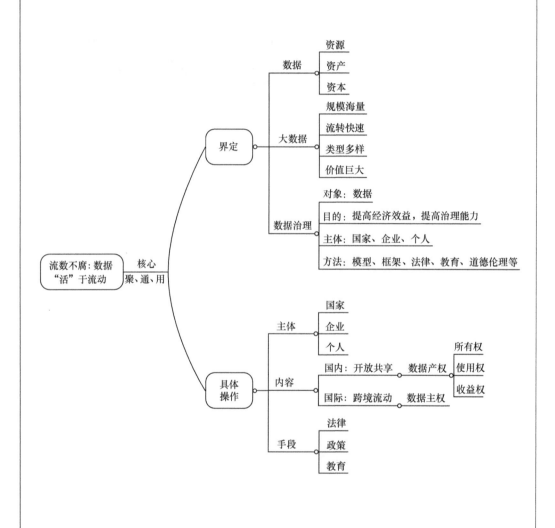

本章主要聚焦"数据治理"的核心要义，从而引申出本书的全貌。文中梳理了当前业界学界对数据、治理以及数据治理的界定，分析了当前界定的不足之处，提出了我们关于数据治理核心要义的看法。我们认为，从一开始的数据资源到数据资产，再到当下流行的数据资本，人们对数据价值的认知是一个不断深化的过程，数据被赋予的内涵也更加丰富和复杂。与此同时，数据具有很多不同于石油等传统资源的特性。例如，传统资源是越用越少、不可再生，但数据是越积累量越大、越用越多。因此，对数据价值的挖掘，方式也应有别于传统做法。

我们认为，要最大程度地发挥数据的价值，根本在于促进其流动。无论各种主体以何种方式开展数据治理，其核心都是要推动数据自由、安全地流动，以便最大程度地挖掘和释放数据的价值。数据流动主要有两个层面，国内层面的抓手是推动数据开放共享，国际层面便是实现数据跨境流动。当前，阻碍数据顺畅流动的最主要掣肘因素有两个：一个是数据权问题，国内层面称为数据产权问题，国际层面称为数据主权问题；二是数据安全问题，目前国际社会主要聚焦于个人数据，即个人信息保护。如何看待和解决这些问题，给出何种治理策略，正是本书着力探讨的话题。

 1.1 理解"数据治理"

随着大数据时代的到来，流动的数据已成为连接全世界的载体，也成为促进经济社会发展、便利人们生产生活的源动力。伴随着数据流动，尤其是为了解决流动过程中产生的一系列问题，"数据治理"一词逐渐兴起。而要了解数据治理，还得从数据、治理这些基本概念说起。

1.1.1 数据

数据与大数据

什么是数据？传统意义上，数据是指人类对事物进行测量的结果。如今，数据的概念有了很多延展。一般而言，数据是指对客观事件进行记录并可以鉴别的符号，是对客观事物的性质、状态以及相互关系等进行记载的物理符号或这些物理符号的组合。这些物理符号具有抽象、非随机的特点。

从数据的定义来看，数据具有两个特征，一个是差异性，另一个是规律性。差异性主要体现为数据多数描述的是事物的数量特征，现实世界中每件事、每个人、每种物都有不同的特征，因此反映于数据也会有各种不同的表现，甚至从表面看起来可能是杂乱无章的。规律性则主要体现为，数据是具有一定规律的，对数据进行分析研究，很重要的目的就是从数据中找出某种规律和关联。简而言之，正因为数据具有差异性，才有必要对数据进行研究与分析；也正因为数据存在规律性，对其研究才有价值。

时下，人们往往容易将数据与大数据混淆。实际上，两者是有区别的。

对于大数据，麦肯锡全球研究所给出的定义如下：大数据是一种规模大到在获取、存储、管理、分析方面大大超出了传统数据库软件工具能力范围的数据集合；高德纳（Gartner）咨询公司给出的定义如下：大数据是需要新处理模式才能具有更强的决策力、洞察发现力和流程优化能力来适应海量、高增长率和多样化的信息资产。维克托·迈尔·舍恩伯格在《大数据时代》一书中提出，大数据不能用随机分析法（抽样调查）这样的捷径，而要对所有数据进行分析处理。

业界普遍认为，大数据具有数据规模海量（Volume）、数据流转快速（Velocity）、数据类型多样（Variety）和数据价值巨大（Value）四大特征。

（1）数据规模海量

当前，以大数据、物联网、人工智能为核心特征的数字化浪潮正席卷全球，全世界每时每刻都在产生大量的数据。从1956年IBM发明世界上第一个机械硬盘，两台冰箱大小却只有5MB容量，到现在淘宝网4亿用户每天产生几十TB的数据，数据总量呈指数级增长。衡量数据大小的单位也从MB到GB，到TB，再到PB、EB，相信后面还会不断出现新的记录单位。当数据数量和规模发展到一定程度时，现有的数据存储、分析、计算的方案和技术势必不能满足现实需求，迫切需要更智能的算法、更强大的数据处理平台和更新的数据处理技术来挖掘数据价值。

（2）数据流转快速

与传统的图书、报纸、广播等数据载体不同，数据产生和传播的速度非常快，数据被高速地创建、移动、汇集到服务器。基于此，大数据对数据处理有着非常严格的要求。大数据的处理需符合秒级定律，一般要在秒级时间范围内给出对数据的分析结果。响应时间过长，数据就失去了价值。换言之，谁的数据处理速度快，谁在大数据时代就具备优势。

（3）数据类型多样

传感器、智能设备及移动互联网的飞速发展使数据变得更加复杂，除了传统的关系型数据，还包含结构化、半结构化和非结构化数据。大数据时代，需要处理的数据不仅是海量的，而且是不同种类、不同格式和不同来源的，因此需要一套专门的格式、标准来进行处理。

（4）数据价值巨大

大数据最大的特点在于通过各种数据分析和挖掘方法，发现诸多看似无关的数据之间暗含的规律和关联。例如，阿里巴巴集团每天拥有几亿人的购物数据，通过分析这些数据就可以知道各种产品和市场发展的走势，也可以知道不同用户的爱好和需求，从而进行针对性的推荐，以提高平台的交易量。不过，我们也要看到，虽然大数据的价值巨大，但并不是所有数据都拥有这样的价值。如果把大数据比作一座金矿，有价值的数据就是其中的黄金，这种价值需要一系列加工和处理才可能得到释放。

数据：资源、资产、资本

在数字经济的发展历程中，数据起到了核心和关键作用，人们对数据价值的认识也是由浅入深、由简单趋向复杂。总体来看，数据价值的发展主要分为三个阶段：第一阶段是数据资源阶段，数据是记录、反映现实世界的一种资源；第二阶段是数据资产阶段，数据不仅是一种资源，还是一种资产，是个人或企业资产的重要组成部分，是创造财富的基础；第三阶段是数据资本阶段，数据的资源和资产的特性得到进一步发挥，与价值进行结合，通过交易等各种流动方式，最终变为资本。

（1）数据资源

与传统的农业经济和工业经济不同，数字经济得以发展的基础是信息技术和海量数据。随着信息技术与经济社会的交汇融合，数据成为国家的基础性战略资源，成为驱动经济社会发展的新兴生产要素，与劳动、土地、资本等其他生产要素一同为经济社会的发展创造价值。

但是，数据与这些传统生产要素不同，它具有可再生、无污染、无限性的特征。可再生是指数据资源不是从大自然获得的，而是人类自己生产出来的，通过加工处理后的数据还可以成为新的数据资源；无污染是指数据在获得与使用的过程中不会污染环境；无限性是指数据在使用过程中不会变少，而是越变越多。因此，传统资源越用越少，但数据资源是越用越多。

数据成为资源，也是发现和利用数据价值的一个过程，这一点与传统资源如石油比较相似。首先，要发现各种有用数据的来源，如同勘探油矿；其次，要采集满足特定需求的数据，如同采油；然后，要把采集到的数据按应用需求进行标准化、结构化处理，如同炼油；最后，将加工处理后形成的数据与实际应用相结合，最大程度地发挥数据的作用。因此，在这个阶段，数据是作为一种具有使用价值的资源帮助管理者决策，从而实现其经济效益，同时也成为数字经济发展的关键生产要素。

（2）数据资产

随着数字经济的发展，人们发现，数据不仅仅是资源，还具备资产的特质。所谓资产，是指由企业过去经营交易或由各项事项形成的、被企业拥有或控制的、预期会给企业带来经济利益的资源。从资产的界定来看，它具有现实性、可控性和经济性三个基本特征。现实性是指资产必须是现实已经存在的，还未发生的事物不能称为资产；可控性是指对企业的资产要有所有权或控制权；经济性是指资产预期能给企业带来经济效益。结合资产的特征，数据资产便是指企业在生产经营管理活动中形成的，可拥有或可控制其产生及应用全过程的、可量化的、预期能给企业带来经济效益的数据。实现数据可控制、可量化与可变现属性，体现数据价值的过程，就是数据资产化过程。当前，数据已经渗入各行各业，逐步成为企业不可或缺的战略资产，企业所掌握的数据规模、数据的鲜活程度，以及采集、分析、处理、挖掘数据的能力决定了企业的核心竞争力。

（3）数据资本

2016 年 3 月，麻省理工科技评论与甲骨文公司联合发布了名为《数据资本的兴起》的研究报告。报告指出，数据已经成为一种资本，和金融资本一样，能够产生新的产品和服务。但是，与实物资本不同，数据资本也有自身的特性。例如，非竞争性，即实物资本不能多人同时使用，但是数据资本由于数据的易复制拷贝特点，其使用方可以无限多；不可替代性，即实物资本是可以替换的，人们可以用一桶石油替换另一桶石油，而数据资本则不行，因为不同的数据包含不同的信息，其所包含的价值也是不同的。数据资本化的过程，就是将数据资产的价值和使用价值折算成股份或出资比例，通过数据交易和数据流动变为资本的过程。换句话说，数据作为资本的价值要在数据交易和流动中才能得到充分体现。这也引发了当前业界的一大难题，即数据产权问题。只有确定了数据产权问题，数据交易才具备顺利开展的前提基础。

1.1.2 治理

对于对大数据感兴趣的人来说，"数据治理"这个词并不陌生。但要全面深刻地理解数据治理，还应该从"治理"说起。在英语中，"治理"一词源自拉丁文"gubernare"，原意是控制、引导和操纵，后来逐渐演化成"governor"及"government"。

治理的概念是 20 世纪 90 年代在全球范围内逐步兴起的。治理理论的主要创始人之一詹姆斯·N.罗西瑙认为，治理是通行于规制空隙之间的那些制度安排，当两个或更多规制出现重叠、冲突时或者在相互竞争的利益之间需要调解时发挥作用的原则、规范、规则和决策程序。[1] 另一位治理研究专家格里·斯托克指出，治理的本质在于它所偏重的统治机制并不依靠政府的权威和制裁；它所要创造的结构和秩序不能从外部强加；它发挥作用是要依靠多种进行统治的以及互相发生影响的行为者的互动。[2] 国内学者俞可平提出，治理具有四个特征：（1）治理不是一套规则条例，也不是一种活动，而是一个过程；（2）治理的建立不以支配为基础，而以调和为基础；（3）治理同时涉及公共和私营部门；（4）治理并不意味着一种正式制度，而有赖于持续的相互作用。[3]

国际组织对治理也有各自的理解。世界银行认为，治理是"为发展而管理一个国家经济和社会资源的权力"。联合国全球治理委员会将治理界定为"个人和各种公共或私营的机构管理共同事务的诸多方式之总和，一种使相互冲突的

[1]　[美] 詹姆斯·N.罗西瑙. 没有政府的治理 [M]. 南昌：江西人民出版社，2001.

[2]　[英] 格里·斯托克. 作为理论的治理：五个论点 [J]. 国际社会科学杂志（中文版），1999（1）：19-30.

[3]　俞可平. 治理与善治 [M]. 北京：社会科学文献出版社，2000.

利益得以调和并采取联合行动的持续过程"。

综上所述，治理就是政府、企业、个人以及非政府组织等主体为了管理共同事务，以正式制度、规则和非正式安排的方式相互协调并持续互动的一个过程。

1.1.3　数据治理

数据治理具有治理的很多特征。例如，需要政府、企业、个人以及非政府组织等共同努力，也需要建立一套立法、规章、制度和规则。然而，由于治理的是数据，它又有很多自身的特点。目前，关于数据治理的定义亦是众说纷纭。

根据国际标准化组织 IT 服务管理与 IT 治理分技术委员会、国际数据治理研究所（DGI）、IBM 数据治理委员会等机构的观点，数据治理意指建立在数据存储、访问、验证、保护和使用之上的一系列程序、标准、角色和指标，以期通过持续的评估、指导和监督，确保富有成效且高效的数据利用，实现企业价值。数据治理的范围如图 1-1 所示。

中国在国际场合首次提出"数据治理"的概念，是 2014 年 6 月在悉尼召开的 ISO/IEC JTC1/SC40（IT 治理和 IT 服务管理分技术委员会）第一次全会上。这个概念一经提出，即引发了国际同行的兴趣和持续研讨。

2014 年 11 月，在荷兰召开的 SC40/WG1（IT 治理工作组）第二次工作组会议上，中国代表提出了《数据治理白皮书》的框架设想，分析了世界上包括国际数据管理协会（DAMA）、国际数据治理研究所、IBM、高德纳咨询公司等组织在内的主流的数据治理方法论、模型，获得了国际 IT 治理工作组专家的一致认可。2015 年 3 月，中国信息技术服务标准（ITSS）数据治理研究小组通过走访调研，形成了金融、移动通信、央企能源、互联网企业在数据治理方面的典型案例，进一步明确了数据治理的定义和范围，并于 2015 年 5 月在巴西圣保罗召开的 SC40/WG1 第三次工作组会议上正式提交了《数据治理白皮书》国际标准研究报告。报告认为，数据是资产，通过服务产生价值。数据治理主要是在数据产生价值的过程中，治理团队对其做出的评价、指导、控制。

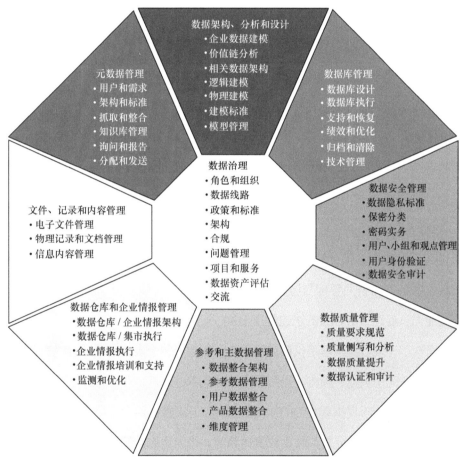

图 1-1 数据治理的范围

笔者认为，上述几个关于数据治理的界定，内涵已经十分丰富，要义也得到了明确的体现，但还是未能囊括数据治理的全部。

首先，数据不仅仅是企业或机构的资产，更是现代国家的一种基础战略资源。曾有人提出，大数据时代世界上最有价值的资源不再是石油，而是数据。这种提法丝毫未夸大数据的重要作用。煤炭和石油等传统资源是有限的，而大数据作为新型资源，由于具有可复制、递增、共享等特性，其开发和增长是无限的。更重要的是它改变了传统要素格局，新知识和新技术替代资本成为经济发展的主导因素，符合智慧、绿色、共享和低成本的可持续发展理念，将助力实现发展方式的真正转变。

其次，数据治理的目的不仅仅是确保数据的高效利用和实现企业价值，更是为了提升政府公共管理能力和国家治理能力。正如《数据治理白皮书》所描述的，企业开展有效的数据治理，会通过改进决策、缩减成本、降低风险和提高安全合规等方式将价值回馈于业务，并最终体现为增加收入和利润。但是，拥有数据的往往并不只是企业。有统计显示，政府拥有全社会 80% 的数据资源，通过运用大数据、云计算等现代信息技术，形成"用数据决策、用数据管理、用数据服务"的公共管理与服务机制，能够有效提升政府公共管理能力和国家治理能力，促进经济社会的快速健康发展。

再次，开展数据治理不仅仅局限于企业，政府和个人更是数据治理的重要主体。当前，无论国际、国内，提到数据治理基本都是指企业行为，但实际上政府在数据治理中能够发挥更主动的作用。例如，开展数据治理顶层设计、推动政务数据开放共享、建立完善的数据权责体系等。个人也应该积极参与数据治理。由于政府和企业收集的信息中有相当大的部分是个人信息和数据，而近年来泄露、滥用和非法买卖个人信息的现象十分严重，给部分民众造成了巨大的经济损失和精神伤害。所以，个人参与数据治理主要是积极保护个人信息和维护个人权益。

最后，数据治理不仅仅依靠模型和框架，还要采用法律、行政、教育、道德伦理等方法和手段。当前，围绕对数据的采集、分析、挖掘、应用、共享和保护等出现了诸多问题，亟需通过出台数据立法和行政规章制度加以明确和规范。针对数据利用过程中出现的一系列安全隐患，要加强网络安全教育和培训，提升从业人员的专业素质和普通民众的意识技能。对于那些倒买倒卖生物特征信息等敏感数据的行为，要辅之以伦理和道德方面的分析和教化，必要时可在立法中加大处罚力度。

综上所述，笔者认为，从宏观层面看，数据治理是指政府等公共机构、企业等私营机构以及个人，为了最大程度地挖掘和释放数据价值，推动数据安全、有序流动而采取政策、法律、标准、技术等一系列措施的过程，如图 1-2 所示。从微观层面看，数据治理是不同的机构对各种各样的元数据进行处理和分析的过程，如图 1-3 所示。换句话说，无论何种主体以何种方式，只要围绕数据安全、有序流动所采取的行动，就是数据治理的范畴。

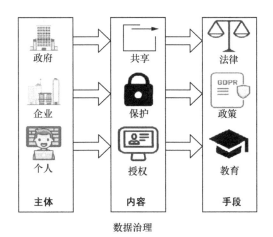

图 1-2 宏观层面的数据治理

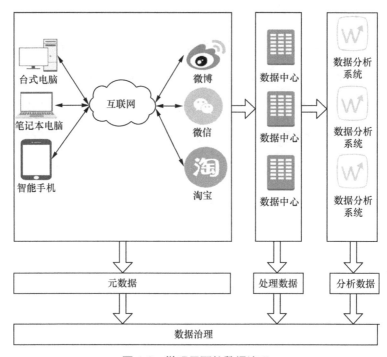

图 1-3　微观层面的数据治理

1.2 数据流动连接你我他

1.2.1　数据采集：让数据汇聚到一起

当前，以大数据、物联网、人工智能为核心的数字化浪潮正席卷全球，全世界每时每刻都在产生大量的数据，人类产生的数据总量呈指数级增长。面对如此巨大的数据规模，如何采集并进行转换、存储以及分析，是人们在数据开发利用过程中面临的巨大挑战。其中，数据采集又是所有数据处理行为的前提。

数据采集是指从系统外部采集数据并输入到系统内部的过程。数据采集系统整合了信号、传感器、激励器等数据采集设备和一系列应用软件。目前，数据采集广泛应用于互联网及分布式领域，如摄像头、麦克风都是数据采集工具。

数据采集并不是随随便便、杂乱无章地采集数据，而是对数据有一定的要求。例如，要求数据量是全面的，具有足够的分析价值；是多维度和多类型的，能够满足不同的需求；是高效的，具有比较明确的针对性和时效性。常用的数据采集方法主要有传感器采集、日志文件采集、网络爬虫采集。

传感器采集

传感器通常用于测量物理变量，一般包括声音、温湿度、距离、电流等，将测量值转化为数字信号并传送到数据采集点，让物体拥有"触觉""味觉"和"嗅觉"等"感官"，变得鲜活起来。

日志文件采集

日志文件数据一般由数据源系统产生，用于记录对数据源的各种操作活动，如网络监控的流量管理、金融应用中的股票记账和 Web 服务器记录的用户访问行为。很多互联网企业采用日志文件采集方式，如 Hadoop 的 Chukwa、Cloudera 的 Flume、Facebook 的 Scribe 等。这些工具均使用分布式架构，能满足每秒数百 MB 的日志数据采集和传输需求。

网络爬虫采集

网络爬虫是指为搜索引擎下载并存储网页的程序，它是针对搜索引擎和 Web 缓存的主要数据采集方法。该方法将非结构化数据从网页中抽取出来，以结构化的形式将其存储为统一的本地数据文件，支持图片、音频、视频等文件或附件的采集，附件与正文可以自动关联。

由于所采集数据的种类错综复杂，因此对不同种类的数据进行分析必须运用提取技术。通过不同方式，可以获得各种类型的结构化、半结构化及非结构化的海量数据。在现实生活中，数据的种类有很多。而且，不同种类的数据，其产生的方式不同。针对大数据采集，目前主要流行运用以下技术。

Hive

Hive 是由 Facebook 开发的数据仓库，可支持 SQL 相似的查询声明性语言（HiveQL），可自定义插入相关脚本（Map-Reduce），并且支持基本数据类型、多种集合和组合等。只需要一些简单的查询语句，就能分析计算数据仓库中的数据。

Transform

Transform 操作是大数据采集中的一个关键流程，利用多种数据分析和计算系统对清洗后的数据进行处理和分析。

Apache Sqoop

将数据在 Hadoop HDFS 分布式文件系统和生产数据库相互转换，需要考虑数据是否一致，以及资源配置等问题。为了防止使用效率不高的脚本进行传输，将使用 Apache Sqoop。Apache Sqoop 能快速实现导入和导出数据，解决数据来回转换中暴露的问题，还可通过数据库元数据预测数据类型。

数据采集是挖掘数据价值的第一步，当数据量越来越大时，可提取出来的有用数据必然也就更多。只要善用数据化处理平台，便能够保证数据分析结果的有效性，助力实现数据驱动。

1.2.2 数据分析：机器学习和深度挖掘

数据分析是指用适当的统计方法对数据进行分析，将它们加以汇总和理解并消化，以求最大化地开发数据功能。数据分析的目的是把隐藏在一大批看似杂乱无章的数据背后的信息提炼出来，并总结出内在规律。

数据分析的概念不难理解，但数据分析是通过什么方法来实现的呢？这就要借助机器学习。机器学习是研究如何用机器来模拟人类学习活动的一门学科，它是研究机器如何获取新知识和新技能并识别现有知识的学问。此处所说的"机器"是指计算机、电子计算机、中子计算机、光子计算机或神经计算机等。机器学习主要包括三种类型：监督学习、无监督学习及强化学习。

监督学习从给定的训练数据集中学习一个函数，当有新数据时，可以根据这个函数预测结果，如图1-4、图1-5所示。监督学习的训练集要求包括输入和输出，也可以说是特征和目标。训练集中的目标是由人标注的。监督学习分为回归和分类两种类型，包括线性回归、Logistic回归、CART、朴素贝叶斯、KNN等几种算法。回归是精确值预测。例如，根据已有的销售价格和销售数量建立模型，预测新销售价格对应的销售数量，就是回归的过程。

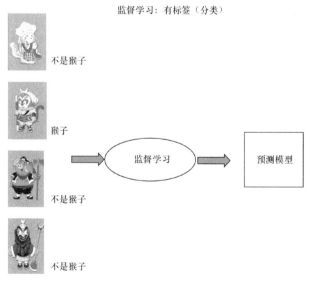

图1-4 监督学习模型

图 1-5　监督学习预测模型

　　无监督学习就是输入一些并不知道输出的数据，然后给这些数据打上标签，如图 1-6 所示。它主要有关联、群集及维度降低三种类型，集中使用 Apriori、K-means、PCA 三种算法。其实，我们每天看的新闻分类就是一个无监督学习，由新闻网站收集网络新闻，根据主题将新闻分成各类链接，读者点击链接时会展现相关的新闻，而这些新闻的关联性不是人工实现的，是算法自动分的。简单地说，监督学习是根据已经存在的数据，如现有销售价格和销售数量，预测在新的销售价格下能卖出多少数量的商品；而无监督学习则是在不知道数据的输出是什么的情况下，根据特征进行分类和预测。

无监督学习：没有标签（聚类）

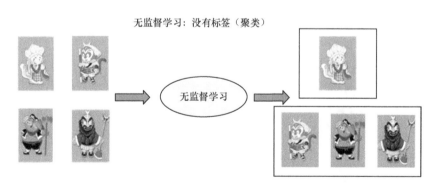

图 1-6　无监督学习模型

　　强化学习是让机器通过不断的测试，在环境中获得高分。在这个过程中，机器会一而再、再而三地出错，从而获取规律。近两年比较有名的 Alpha Go 事件，其实就是机器通过不断学习游戏和变换新步骤而得到高分的实例。那么，计算机是怎样学习的呢？其实，计算机就像一位虚拟的老师，只是这位老师比较严厉，它不会提前告诉你怎样移动，不会教你怎样学习，就像学校的教导主任一样只对你的行为进行监督和打分，而不负责教学。在这种情况下，我们怎样获得高分呢？我们只需要记住高分和低分分别对应的行为，在下一次打分时尽量表示出高分行为，避免低分行为，就能够做到。据此，机器学习主要是从历史数据获得模型来预测未知属性，而人类是通过经验总结规律以预测未来，如图1-7所示。

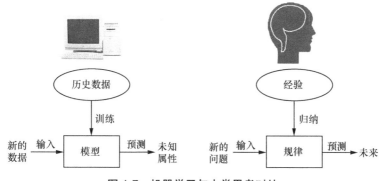

图1-7 机器学习与人类思考对比

说到机器学习，不能不提到近年来出现的一个新词——信息机器。信息机器与信息技术密切相关，它不是传统意义上的机械机器，而是接收信息、处理信息的新型机器，诞生于媒介新技术的革新和变迁，更多地体现出人类与机器的交互性。例如，在机器学习的过程中，实际上机器也不断地产生数据和信息，这种现象值得人们高度关注和研究。

除了机器学习，还要提到数据分析的另一种方法——深度挖掘。这就好比挖掘机挖土，挖得越深，就越有可能挖到有价值的东西。数据领域的深度挖掘，就是从大量数据中通过算法搜索隐藏于其中的信息的过程。深度挖掘本质上类似于机器学习和人工智能的基础，其主要目的是从各种各样的数据来源中提取有用信息，然后将这些信息合并，深度分析其中的规律和内在关联。这就意味着深度挖掘不是一种用来证明假说的方法，而是用于构建各种各样假说的方法。深度挖掘不能告诉人们这些问题的答案，只能说明 A 和 B 可能存在相关关系，但是无法说出 A 和 B 存在什么样的相关关系。与机器学习相比，深度挖掘的概念更广，机器学习只是深度挖掘领域的一个分支领域。

深度挖掘广泛应用于商务管理、生产控制、市场分析、工程设计和科学探索中，通过各种方法来挖掘数据，主要包括分类、回归分析、聚类、关联规则、特征、变化和偏差分析、Web 页挖掘等，它们分别从不同的角度对数据进行挖掘。

数据挖掘是一种决策支持过程，它通过高度自动化地分析企业的数据，做出归纳性的推理，从中挖掘出潜在的模式，帮助决策者调整市场策略，减少风险，做出正确的决策。在市场经济比较发达的国家和地区，许多企业都开始在原有信息系统的基础上通过深度挖掘对业务信息进行深加工，以构筑自己的竞争优势，扩大自己的营业额。美国运通公司（American Express）有一个用于记录信用卡业务的数据库，其数据量已达到 5GB，并仍在随着业务发展而不断更新。运通公司通过对这些数据进行挖掘，制定了"关联结算（Relation ship Billing）优惠"的促销策略，即如果顾客在一家商店用运通卡购买一套时装，那么在同一家商店再买一双鞋就可以得到比较大的折扣。这样既可以增加商店的销售量，也可以增加运通卡在该商店的使用率。类似的方法在食品行业也备受青睐。全球著名的卡夫（Kraft）食品公司建立了一个拥有 3000 万条客户资料的数据库。数据库是通过收集对公司发出优惠券等促销手段做出积极反应的客户和销售记录而建立起来的。卡夫公司通过深度挖掘了解特定客户的兴趣和口味，以此为基础向他们发送特定产品的优惠券，并推荐符合他们口味和健康状况的卡夫产品食谱。此外，出版业也是数据深度挖掘的受益者。例如，美国读者文摘（Reader's Digest）出版公司运行着一个已有40年积累的业务数据库，里面包含遍布全球的1亿多个订户的资料，数据库每天24小时连续运行，保证数据不断实时更新。正是基于对客户资料数据库进行深度挖掘的优势，读者文摘出版公司的业务才能够从通俗杂志扩展到专业杂志、书刊和音像制品的出版和发行。

1.2.3 数据关联：因果关系or相关关系

大数据时代，纷繁芜杂的数据描述的是一个混沌的世界，只有找出看似不相干的数据背后隐藏的逻辑关系和本质规律，才可能看清楚许多真相。目前，对于数据之间的关系，存在两种较主流的看法，即因果关系和相关关系。

对于因果关系，通俗地解释是指一个事件（即"因"）和另一个事件（即"果"）之间的作用关系，其中后一事件被认为是前一事件的结果。从西方哲学的角度来看，亚里士多德较早提出的"四因说"，即质料因、形式因、动力因、目的因，归纳了一般导致结果发生的几个原因解释。后来，在亚里士多德宇宙论的基础上，托马斯·阿奎那又对这四种原因进行了等级排列，认为目的因＞动力因＞质料因＞形式因。阿奎那把第一因归为上帝，认为尘世的很多事件都是在上帝的设计或计划之中。这种观点流传了很久。不过，在后来的历史中，亚里士多德的"四因说"遭到了后世学者的批评。当代西方哲学中广为流传的关于因果关系的定义出自大卫·休谟的理论。他提出，人们只是发展了一个思考习惯，把前后相继的两类客体或事件联系起来，除此之外，人们是无法感知到原因和结果的。然而，虽然围绕因果关系是否存在的争论一直延绵不绝，但不可否认的是在传统社会中，因果关系的确对人们分析事物的原因起着巨大的潜移默化的作用。

大数据时代，由于数据对经济生活各个方面的影响，有学者对事物之间的关联提出了新的诠释。例如，舍恩伯格在《大数据时代》一书中一再强调，人们应该在很大程度上从对因果关系的追求中解脱出来，转而将注意力放在相关关系的发现和使用上。他提出，相关关系是指当一个数据发生变化时，另一个数据也可能随之变化，这两个数据有时候没有必然联系。两者可能是正相关，也可能是负相关；可能是强相关，也可能是弱相关。"我们没有必要非得知道现象背后的原因，而是要让数据自己发声""相关关系能够帮助我们更好地了解这个世界"，他认为建立在相关关系分析法上的预测是大数据的核心。通过找到关联物并监控它，人们就能够预测未来。在大数据的背景下，相关关系较因果关系能在预测功能上展现出更大的优势。对于人们来说，大数据最关键的作用就是利用相关关系进行研究，把数据里面的金子挖出来，或者利用相关性预防或促成某些结果的发生。由于数据超级海量，需要一定的速度应对信息社会"数据爆炸"和诸多涌现出来的"复杂性"，然后才是对其过程和背后原因的探询。

舍恩伯格提到的相关关系与因果关系有很明显的不同。因果关系中，当一个表示原因的数据发生变化时，它对应的结果数据也会发生变化，这两个数据一定是必然关系。但是，有的时候追求因果关系显得既无必要又无可能。例如，在实际生活中，如果要证明熬夜导致秃头，可以找两组身体状况基本一样的人，让一组熬夜，另一组在正常时间睡觉。如果熬夜组秃头的概率大于不熬夜组，那么基本可以证明熬夜和秃头存在因果关系。但是，这种实验在现实中很难做到，因为连原本的客观环境都不能保持一致。而且，这种实验也违背道德，因为很难逼大家熬夜，也无法实时追踪是否熬夜。因此，用因果关系来证明和解释这个现象有待商榷。

那么，大数据时代的关系到底是因果关系、相关关系，还是因果关系和相关关系并存呢？笔者认为，这大概还是取决于人们对数据功能的定位。在相关关系中，预测是大数据的核心功能。对于快速变化的世界来说，探究相关关系的确比因果关系成本更低，耗时更少，而且也更显必要。例如，全球最大的零售商沃尔玛拥有一个超大型的历史交易记录数据库，这个数据库包括每位顾客的购物清单、消费额、购物篮中的商品、具体的购买时间以及购物时的天气。经过分析发现一个规律，就是每当季节性飓风来临之前，不仅手电筒的销量增加，蛋挞的销量也会增加。因此，后来每当季节性飓风来临时，沃尔玛会把库存的蛋挞放在靠近飓风用品的位置，这样既方便了行色匆匆的顾客，又大幅增加了商品的销量。在这样的案例中，并没有必要探究为什么手电筒和蛋挞的销量会增加，只要知道这种相关关系就行。

通过相关关系进行预测的案例还有很多。美国折扣零售商塔吉特曾经做过一项关于怀孕女性的预测。公司分析团队查看了登记在婴儿礼物登记簿上的女性消费记录，发现这些准妈妈会在怀孕第三个月左右的时候买很多无香乳液，之后还会陆续买些营养品，整个孕期大概能产生对20多种关联物的需求。通过这些关联物，公司分析团队可以看出准妈妈们的怀孕趋势，甚至能够据此准确地推测出她们的预产期，这样就能够在她们孕期的每个阶段给她们寄送相应的优惠券，从而增加销售额。所以，不论是追求相关关系，还是因果关系，归根结底都是看其能为主体提供什么样的价值，以及主体需要实现什么样的价值。

1.2.4 数据质量:"清洗"后的数据更可靠

大数据时代,人们关注的焦点是如何发挥数据的价值,却鲜有人关注数据质量这个最根本的问题。实际上,大数据处理的关键是解决数据质量问题。《大数据资产:聪明的企业怎样致胜于数据治理》一书的作者托尼·费舍尔(Tony Fisher)曾提到:"如果基本数据不可靠,大多数企业的大数据计划要么会失败,要么效果会低于预期。造成上述结果的关键原因在于,数据生命周期之中流入了不一致、不准确、不可靠的数据。"糟糕的数据质量常常意味着糟糕的业务决策,将直接导致数据统计分析不准确、监管业务难、高层领导难以决策等问题。据 IBM 统计,错误或不完整的数据会导致业务系统不能正常发挥优势甚至失效;数据分析员每天有 30% 的时间浪费在辨别数据是否是"坏数据"上;低劣的数据质量严重降低了全球企业的年收入。因此,只有规避数据错误、保障数据质量,才能真正让各数据使用方从大数据应用中获益。

近年来,数据质量管理应运而生。所谓数据质量管理,是指对在数据存在的各个周期中出现的一系列数据质量问题,利用识别监控等措施改善和提高数据质量的管理水平。

其中,数据清洗是数据质量管理中重要的一环,主要是对数据进行重新核验,修正错误数据和去除重复数据,通过过滤掉这些"脏数据",尽可能地使数据保持一致性和准确性,提高数据质量。

关于数据质量管理,不同的主体有不同思路。曾有篇文章以古人治理黄河水患为例来说明如何管理数据质量,令人印象深刻。

文章提到,现在的数据集成融合就和古人筑堤坝一样:古人筑堤坝是为了约束河水，拓展人类的生存空间；今人做数据集成融合是为了挖掘数据价值，拓展企业的生存空间。古人提出：在修筑大堤前，黄河"左右游荡，宽缓而不迫"；筑堤后河道变窄，发生洪水时泄流不畅，常决口为患。如今的企业在信息化初期，各类业务系统恣意生长，这个阶段就像修筑大堤前的黄河虽然有问题，但是不明显。后来，企业业务需求增长，需要按照统一的架构和标准把各类数据集成起来，这个阶段就像筑堤束水之后的黄河，各种问题扑面而来。古人治理黄河水患，主要有两种方式，一种是"疏通"，另一种是"围堵"。数据质量治理也可以借鉴古人"疏"与"堵"的智慧和考量。"疏"就是开展顶层设计，制定统一数据架构、数据标准，设计数据质量的管理机制，建立相应的组织架构和管理制度，采用分类处理的方式持续提升数据质量。"堵"就是依赖技术手段，通过增加数据清洗处理逻辑的复杂度，使用数据质量工具来发现数据处理中的问题。

1.2.5 数据反垄断：避免数据孤岛的新手段

在 2018 年 12 月 25 日举行的新兴科技中国全球峰会上，被誉为"互联网之父"的麻省理工学院教授蒂姆·伯纳斯·李发表了重要讲话。1991 年，他提出了互联网的基石协议——超文本传输协议，并进一步发明了互联网。然而，在此次会议上，"互联网之父"对当前的互联网表示了失望，称"已经失去了原有的精神，需要破而后立"。

伯纳斯·李指出，互联网的发展曾经有一个非常重要的长尾效应。不同规模的企业都有自己的生存空间。但是今天，长尾效应失败了。目前，互联网世界的头部效应是明显的，一些网站占据了主导地位及大部分市场份额。他指出，人类仍然面临许多"数据孤岛"。每个人都在互联网上产生了很多数据，但是这些数据都在像 Facebook 这样的大公司手里，而且无法连接。这些孤立的"岛屿"不尊重个人，令人沮丧。互联网诞生的初衷是人们可以在互联网世界中形成一个"自由开放的社区"来展示自己的个人想象力。然而，在目睹了一系列个人数据滥用丑闻后，他对互联网的现状感到失望。

伯纳斯·李对现在互联网的不满可以归根于一个很时髦的词——数据垄断。现在，人们提到数据垄断，主要形容"重要数据被控制在少数人手中，并被不合理地分配和使用"的一种状态，而且主要针对互联网巨头企业而言。其实，最早出现的"数据垄断"一词是针对政府的，与"数据民主"相对应。近年来，美国、英国、澳大利亚、新西兰等国家相继建立了政府数据门户，将以前由政府拥有的公共数据推上互联网，掀起了"数据民主化"的浪潮。所谓数据民主化，是指将政府、企业等所拥有的各类公共数据推上互联网，允许任何人访问和下载。也就是说，政府不应该成为数据的垄断者，公民应该拥有对数据的知情权、发言权和决策权。

在我国，"数据垄断"一词是伴随着菜鸟和顺丰事件而兴起的。2017 年"六一"儿童节期间，菜鸟和顺丰像两个争抢糖果的小孩子在网络上隔空"掐架"：6 月 1 日下午，菜鸟官微发出一则"菜鸟关于顺丰暂停物流数据接口的声明"，称顺丰主动关闭了丰巢自提柜（由深圳顺丰投资有限公司控股的丰巢科技所提供的智能快递自提柜）和淘宝平台物流数据信息回传；随后，顺丰回应称，菜鸟以安全为由单方面切断了丰巢的信息接口，并指责菜鸟索要丰巢的所有包裹信息（包括非淘系订单），认为菜鸟有意让其从腾讯云切换至阿里云。不过，监管部门并没有让这场"掐架"持续多久。在国家邮政局的调停下，6 月 3 日 12 点，菜鸟和顺丰握手言和，全面恢复了业务合作和数据传输。

然而，这场突如其来的闹剧，最后却是由用户和卖家买单。在菜鸟和顺丰切断数据接口后，淘宝天猫的卖家无法通过后台录入顺丰快递单号，相当一部分卖家受到影响。根据菜鸟网络给出的说法，双方发生争执后，菜鸟收到了大量卖家和消费者的询问。受影响的卖家担心的是如果继续采用顺丰发货，可能造成财产损失，也会引起买家集中投诉。但是，由于顺丰在冷链物流配送的速度上遥遥领先于其他民营快递公司，要找到合适的替代者确实不容易。

菜鸟和顺丰事件引起了全民热议。在舆论发展过程中，讨论越来越集中于数据方面，"数据垄断"问题被提了出来。不过，这里的对象不是政府，而是企业。

当前，关于数据垄断没有形成统一的定义。从数据占有角度来说，数据垄断是指独占数据。但独占数据本身并不违反《反垄断法》，即使独占的是海量数据。从数据流动的角度来说，数据垄断意味着不共享数据。从个人信息保护角度来说，数据垄断是指控制个人数据。从数据收益角度来说，数据垄断是指独占数据收益。这些说法都有各自的道理，但是又都不完全准确。笔者认为，要构成数据垄断行为，至少应该包括三个要素：一是数据可能造成进入壁垒或扩张壁垒；二是拥有大数据形成市场支配地位并滥用；三是因数据产品而形成市场支配地位并滥用。

2019年2月4日，德国反垄断机构联邦卡特尔局（Federal Cartel Office）采取行动禁止德国境内Facebook在未经用户同意的情况下收集某些类型的消费者数据，指出其数据聚合行为是对其市场力量的滥用。联邦卡特尔局一再强调，一方面，除非用户同意，否则Facebook不能将其拥有的WhatsApp或Instagram

账户数据与其主要平台上的其他账户予以关联;另一方面,对于从第三方网站收集其个人数据的情形,用户同样保有同意权。关于 Facebook 未来的数据处理政策,联邦卡特尔局正在引入 Facebook 数据的内部剥离措施。与此同时,Facebook 对这一裁决提出上诉,认为联邦卡特尔局低估了其在德国面临的激烈的竞争环境,曲解了其 GDPR 合规状态,而且破坏了欧洲法律引入的确保欧盟内整体一致的数据保护标准的机制。

 ## 1.3 数据流动避不开的几个话题

数据不同于石油等传统资源,其价值在于流动。无论各种主体以何种方式开展数据治理,其核心都是要推动数据自由安全地流动,以便最大程度地挖掘和释放数据价值。而要实现数据流动,国内层面的抓手是推动数据开放共享,国际层面便是实现数据跨境流动。从当前的情形来看,阻碍数据顺畅流动的最主要掣肘因素有两个:一个是数据权问题,国内层面称为数据产权问题,国际层面即数据主权问题;二是数据安全问题,目前国际社会主要聚焦于个人数据,即个人信息保护。

1.3.1 数据开放共享

大数据时代,数据依靠流动创造价值,已成为深入人心的理念。可是这种价值有大有小,如何让价值最大化,有一个科学的途径就是让数据变得"活"起来,通过数据的开放共享,避免数据成为一滩滩"死水",一个个"孤岛"。

数据实现开放和共享具有重大的意义,能够提高数据的利用率。我们曾经通过纸张来储存有价值的信息,但是保存起来非常不方便。尤其是当一方想要知道某种信息,却不知道另一方有类似的存储信息时,此时的信息数据只是一种存储介质,根本没有得到充分的利用。计算机的出现使数据以虚拟的状态在互联网中传输及保存。尤其是随着共享数据库或共享数据平台的建立,人们可以把自己认为有价值、可共享的信息和数据储存在数据库或平台中,需要使用时通过关键词搜索找到相关的信息,这样平台各方都可以在其中交换和共享数据,数据价值得到了充分利用。

数据开放共享适用于各个领域。在政务数据建设方面,国家正在加快推动构建统一高效、互联互通、安全可靠的国家数据资源体系,初步建成统一数据开放共享交换平台。政府数据开放共享交换平台的运行,使市级(含)以下各级政府部门及其工作人员直接登录就可以获取国家、省(市)发布的政务信息资源。该平台能够支持本单位政务业务的"无孤岛化"运行,进而为行政权力"一体化""一站式"网上运行创造了条件,使"让数据跑路,不让群众跑腿""零距离办事"成为可能。该平台包括"网上政务服务大厅、网站集约化、三大基础环境、行政权力网络运行系统、法制监督系统、综合电子监察系统、政务数据开放、公共服务网上办理"等十大建设任务,便民利民。

在关系国计民生的制造业方面,共享制造业设计、研发、生产、管理、售后等全业务流程的数据能够为制造业转型升级提供全新的路径和模式。从单个企业来看,通过深度的挖掘分析,聚合的数据能够精准反映用户的个性化产品需求、产品交互及交易状况。这有利于实现个性化定制,最大程度满足用户需求,同时还能够优化生产工艺流程,缩短产品研发周期,提升制造业生产效率。从整个制造业来看,有效整合众多制造业企业的数据和信息资源,能够形成更加科学、高效的产业链，尤其能够带动和引导大批中小企业走出传统生产模式，实现转型升级。

在某些重要信息系统方面，数据开放共享也大有可为。以医疗行业为例，通过统一的医疗数据开放共享交换平台进行数据开放共享与交换，加强了各部门的业务联系，整合了卫生信息资源，从而减少了重复投资。通过实行集中存储与管理，解决了医疗建设各自为政、数据交换困难、"信息孤岛"现象严重等问题。通过对卫生资源的宏观管理和合理配置，提高了对整个医疗卫生行业的宏观规划与管理水平。可以说，数据的价值就是在不断共享、交换和利用的过程中实现并一步一步最大化的。

数据开放共享的方式主要包括数据开放、数据交换和数据交易等。在技术实现层面，例如，利用万能数据结构表实现数据开放共享，此处用"万能"一词，表示它是通用的。举个铁路行业的例子，众所周知，每种动车或高铁都有与其相对应的钢轨，那么，如果一条新的铁路被开发出来，动车改道运行，还需要重新更换钢轨吗？这种成本实在太高，当然不可能采用。实际上，只需要将钢轨标准化，无论后面开发怎样的新铁路，无论怎样改道，都可以实现互联互通。

不过，数据开放共享也面临很多问题。第一，已有数据资源积累的部门或企业出于观念、利益和安全等多重因素的考虑，绝大多数都不愿意分享自己的数据，即"无意愿"开放共享。第二，数据泄露等安全事件频发和出于数据伦理问题的考量，使企业乃至国家对数据开放共享望而却步，即"无胆量"开放共享。第三，大数据的4V特性使对数据进行分析处理的难度大大增加，数据的利用具有专业性强、难度大的特点，对技术要求较高，而且全球多数国家对数据开放共享的要求、规范、场景和条件都尚未形成具体的法律法规和标准规范，这些因素均加重了"数据孤岛"现象，即"无本领"开放共享。

所以，数据的开放共享绝非易事。推动数据开放共享是数据治理的重要内容，需要根据不同主体之间的数据开放共享特点，围绕透明度、共同创造价值、尊重各自利益、保持正当竞争、数据独占最小化等要素，设计开放共享的范围、原则、思路和框架，以技术和平台等为基础，推动数据开放共享真正落地，解决"数据孤岛""数据割据""数据垄断"等问题。

1.3.2 数据产权

2017 年 8 月，华为与腾讯两大互联网公司被爆出在获取用户数据方面存在分歧，两家企业对获取和使用用户数据的规则各执一词，这就是著名的"华为－腾讯事件"，其具体的来龙去脉如下。

华为于 2016 年底推出的一款手机可根据微信聊天内容自动加载地址、天气等信息，对于此举，华为并不认为自己侵犯了用户的隐私权。在给《华尔街日报》的声明中，华为表示只有用户通过设置以后，公司才能收集到相关数据，即主张数据属于用户，公司对数据的收集是经过用户同意的。但腾讯指出，华为不仅在获取腾讯的数据，还侵犯了用户的隐私权。

"华为－腾讯事件"集中地体现了数据产业链和生态链中围绕数据的自热化竞争，也从侧面反映了当前数据产权不清晰所带来的问题。

实际上，无论政府还是部分企业，都拥有非常丰富的大数据资源，但是大部分都被束之高阁，有数据需求的企业无法获取。这其中横亘的第一道"天堑"就是数据产权的问题。而对于数据产权的三大核心问题：数据归谁所有？谁在用数据？数据收益如何分配？当前学界业界都没有准确的答案，由此导致的问题也数不胜数。

数据归谁所有？当前关于数据的产权归属问题还远未达成共识。特别是在去除个人身份属性的数据交易中，到底是数据主体（产生数据的个人）还是记录数据的企业拥有数据的所有权，数据在由政府部门收集的情况下到底属于政府还是提供者个人，各方莫衷一是。

谁可以用数据？事实上，当前大规模使用数据的主体有两个：一个是政府，另一个是企业。

数据收益如何分配？通过使用数据产生巨额的经济收益，那么，这份巨额收益是如何进行分配的呢？是分配给数据的产生者个人，还是赋予数据的收集、加工者政府或企业呢？对这个问题的回答牵动着众多主体的利益。当前无论是判决实践还是司法态度，都偏向将数据收益分配给二次开发利用数据的收集者、创造者、实际控制者——企业。那么，作为政务数据的采集者政府以及数据的生产者个人在没有司法判决的支持下，又是否能够合法合理地享有数据收益权呢？这些问题都是数据治理的关键，需要在理论和立法上加以解决。

然而，当前的现实情况是，数据产权在数据治理过程中正处于青黄不接的尴尬阶段。首先表现在立法上，数据产权的具体制度处于立法空白，数据产权保护方式立法态度不明确，这直接导致了司法实践面对有关数据权属争议时的回避、保守态度，在数据产权的保护上显得捉襟见肘。其次，学术界对数据权属的界定也是众说纷纭。

随着数字经济的快速发展，我国正在经历新一轮的产业化转型，未来数据资产将在社会生活乃至经济生活中发挥越来越重要的作用。因此，当前对数据资产进行有针对性的立法势在必行。数据产权立法需要打破封闭的传统体系，构建一个具有开放性、包容性、发展性的体系。原因在于数据作为数据产权的客体，其本身具有虚拟性、可复制性、不确定性，而承载数据的技术手段又时时刻刻可能发生翻天覆地的变化。我们认为，针对我国数据产权的立法，应建立从《民法总则》到数据产权单行法的层级保护模式，数据权利体系保护的核心内容就是对数据所有权、数据使用权和数据收益权的权利构建。在数据所有权构建方面，原生数据属于个人，企业享有衍生数据所有权，国家享有政府数据的归属权；在数据使用权构建方面，数据的使用需要以合法的、可利用的数据为前提，个人数据使用侧重于人格权的行使与保护，企业数据使用强调用权与限权的结合，同时还要区分完全数据产权与定限数据产权，且注意构建数据使用过程的权利限制，政府数据使用须提升公共服务与促进经济并重；在数据收益权构建方面，应赋予企业的数据收益权，个人参与分享数据红利，以及政府的数据收益权。

1.3.3　个人信息保护

大数据时代，人们经常有一种"被扒光"和"被操控"的无力感，因为数据比我们更清楚地了解我们自身。凯文·凯利（Kevin Kelly）在《必然》一书中列出了美国对公民进行常规追踪的清单。

汽车活动——从 2006 年开始，每辆车都包含一块芯片。当你发动汽车时，它就开始记录车速、刹车、过弯、里程及事故等状况。

邮政信件——你寄出或收到的每封信的表面信息都被扫描并数字化了。

手机位置和通话记录——你通话的时间、地点和对象（元数据）会被储存数月。有些手机供应商通常会把信息和电话的内容储存几天到几年不等。

信用卡——所有购买行为都被追踪，信用卡和复杂的人工智能相结合形成模式，揭示了你的人格、种族、癖好、政治观点和爱好。

通过各种细枝末节的数据拼接，现代互联网技术完全能够勾勒出一个人的"信息形象"。这种"信息形象"包含外貌、性格甚至人格，一旦遭到泄露、滥用和侵害，后果不堪设想。

目前，各个国家都非常注重对个人信息的保护，有些国家称之为个人信息权，有些国家称之为个人隐私权。个人信息包括自然人的姓名、家庭、职业、经历、健康状况及社会活动等一系列能够识别某个特定人的特征的资料，体现的是自然人的情况，因此其权利主体也仅限于自然人。而个人隐私是自然人或公民的私人生活不被打扰、私人秘密不被泄露，强调保护的是自然人，是一种人格权，归属于人身权的范畴。不过，无论哪种表达，其实质都是个人对其私人生活自主决定的权利，两种称谓的权利主体都是自然人，强调的都是自然人作为人所应有的人格尊严和个人自由。因此，从一定意义来说，保护个人信息就是捍卫自然人的人格尊严和自由。

近年来，随着大数据在政府公共管理中的广泛应用，政府管理与个人信息保护的矛盾逐渐浮出水面。2017年9月23日播出的《辉煌中国》纪录片第五集中，"中国天网"监控最新实时行人检测识别系统被曝光。这套系统可以实时监测区分机动车、非机动车和行人，并能准确识别机动车和非机动车的种类，以及行人的年龄、性别、穿着。"中国天网"曝光后在公众中引起了较大反响，人们普遍感到喜忧参半。不可否认，"中国天网"在追捕罪犯、维护治安等方面显示了巨大的威力。曾有一名口出狂言挑衅"中国天网"系统的 BBC 记者"以身试法"，但是仅仅用了 7 分钟就被警察"逮住"。然而与此同时，很多人都为个人隐私担忧，认为"中国天网"监控捕捉的数据太详尽，几乎成为一种监视。

事实上，通过行使监控权力对个人信息权进行干涉是各个国家的通行做法。近年来，随着恐怖主义和极端势力的不断滋生，各国政府开始以信息监控的方式开展公共管理。例如，美国曾宣称只用于监控恐怖犯罪的手段在"9·11事件"后呈现出扩大化的趋势。2013 年有美国媒体报道，美国国家安全局（NSA）一直在利用其掌握的大量数据绘制一些美国公民的社会关系图，这些数据包括银行代码、保险信息、Facebook 个人主页、旅客名单、选举登记名单、GPS 定位信息、财产记录和纳税资料等，通过这些详尽的关系图可识别公民的联系人、在特定时间所处的位置、旅伴及其他个人信息。英国也有类似的举措。2014 年 6 月，英国政府首度承认其监控本国公民的 Facebook、Twitter、谷歌、YouTube 及电子邮件账号的行为；8 月，政府仅用一周时间推动通过了《紧急通讯与互联网数据保留法案》，该法案允许警察以及安全部门继续通过电话和互联网记录对公民信息进行收集。随着互联网技术和信息化的发展，每个人都不可避免地与数据捆绑在一起，一言一行都会被数据记录下来，而国家和政府在进行公共管理的过程中也必须对公民的个人信息进行收集、储存和利用等。在这个过程中，个人隐私和个人信息是完全公开的，如果行使不当，就很容易造成对公民个人尊严的侵害。因此，个人信息保护的法律地位快速上升，个人尊严、个人隐私及个人信息从原来的普通私权利上升为公民的基本权利。如何在开展有效公共管理的同时保护好公民个人信息，已成为政府面临的一个重要问题。

1.3.4 数据跨境流动

互联网在全球的广泛应用创造了海量数据，正是这些数据的流动为全球范围内的经济和贸易活动创造了大量机会。近十年间，亚太地区在互联网方面的发展尤为迅速。截至 2017 年，亚太地区的互联网用户数已达 20 亿，位居世界第一。调研公司 eMarketer 预测，未来亚太地区的网络流量将继续保持上升势头，到 2020 年，网络流量将达到 814.2EB。

数据跨境流动产生的影响是巨大且深远的。首先，数据跨境流动带动了创新想法的扩散。全球的互联网用户都可以接触、利用最新研究成果和技术，并激发更多创意，催生更多新企业。其次，数据跨境流动极大地推动了国际贸易的发展。企业利用互联网出口货物；各类商品可以足不出户在线购买；通过对数据进行分析和处理，还能够提高业务附加值。尤其对于中小企业来说，互联网和全球数据流动使它们能够参与国际贸易并从中获益。

但是，跨境数据流动也孕育了一些潜在风险。由于各国数据安全和隐私保护水平不一致，当用户数据从具有保护水平的地区流向保护水平较低的地区时，可能会因为立法不足或保护技术管理能力有限，导致存在数据泄露的风险。而且，数据跨境流动使本国政府依法获取企业数据的难度增加，增加了执法的不确定性，也会增加本国政府执法困难程度的风险。此外，数据跨境流动的模式会导致数据资源集中到少数具备产业和管理优势的国家，虽然可以节约企业的成本，但对于用户所在的国家而言就面临产业发展困难的问题。

近年来，不少国家纷纷采取数据本地化措施，加大了对数据流动的管控力度。它们认为，如果数据只在国境内流动，就能够为其提供安全性更高的保护措施。但事实并不一定如此。数据的本质在于流动，只有在流动中才能创造价值，所以数据跨境流动是大势所趋。但是，在当前缺乏国际法和国际规则、不能有效规避安全风险的情况下，数据跨境流动确实可能造成侵犯个人隐私、企业遭受财产损失，甚至泄露国家机密、扰乱社会秩序、威胁国家政权的严重后果。目前，我国已有一些数据跨境流动方面的法律规范，但是还处于刚起步的阶段。未来，我国应着重关注跨境流动数据的类型、范围、传输及安全保护机制，还应充分考虑传统的国际经济法、国际关系规则，以及各国网络安全和数据保护相关法律所产生的影响。尤其是涉及基因信息、生物信息及医疗信息等敏感数据出境时，必须考虑数据伦理与道德等因素，加大对信息违法出境的处罚力度。

第 2 章

数据开放共享：
"三无" 背后的重重顾虑

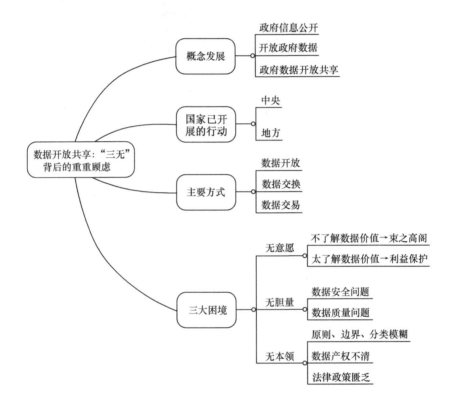

本章从数据开放共享的概念入手，梳理了其发展历程，体现了人们对其内涵的认识在不断加深。近年来，中央和地方在推动数据开放共享方面开展了很多工作。例如，中央出台了很多政策文件，加强顶层设计和统筹管理；地方数据治理机构如雨后春笋般纷纷成立，并逐步理顺职能，为数据开放共享奠定了坚实的基础。

当前，我国数据开放共享主要有数据开放、数据交换和数据交易三种方式，已发展成比较成熟的开放共享模式。但是，数据开放共享也存在一系列制约因素，归纳起来主要有三种表现：一是因为不了解或太了解数据价值而产生的"不愿"开放共享心理；二是因为数据安全问题频发而产生的"不敢"开放共享心理；三是因为数据产权、数据定价等问题不明确和技术问题而导致的"不会"开放共享心理。这些因素成为数据开放共享的主要障碍。

2.1 "数据开放共享"概念的发展

曾有研究显示，政府掌握了 80% 的社会信息资源。无论这个数字是否准确，政府拥有庞大的数据资源是不言而喻的事实。因此，一般提到数据开放共享，广义上包括政府与企业之间的数据开放共享，以及企业与企业之间的数据开放共享，而狭义上就是指政府数据开放共享。

对于研究数据的人来说，数据开放共享是一个耳熟能详的概念。但是，这个概念并非一开始就有。有学者指出，政府数据开放共享的概念大概经历了三个发展阶段的演变。[1]

第一个阶段的主要概念是"政府信息公开"。1996 年，美国克林顿政府颁布的《信息自由法》修正案提出"政府信息公开"，这个概念迅速成为美国学术界关注的话题。随后，世界上许多国家开始颁布类似的法律法规。例如，英国在 2000 年颁布了《信息公开法》，日本在 2001 年颁布了《行政机关拥有信息公开法》，我国在 2007 年颁布了《政府信息公开条例》，这些都强调公民获取政府信息的权利和政府依法公开行政信息的义务。

第二个阶段的概念是"开放政府数据"。2009 年，美国奥巴马政府签署了《开放透明政府备忘录》。同年，颇具影响力的 Data.gov 上线，标志着美国开放政府数据运动的开始。随着英国政府上线 data.gov.uk、澳大利亚政府推出 data.gov.au 等，开放政府数据形成了世界潮流。2011 年，美国、英国、挪威、巴西等八国

---

[1] 《2005-2015 年国内外政府数据开放共享研究述评》，黄如花等，2016 年 12 月，第 1323 页。

签署《开放数据声明》，并成立了开放政府合作伙伴；2013 年，八国集团（G8）首脑签署《开放数据宪章》，强调要通过政府数据的开放共享提高政府透明度和运作效率，为各国公民提供更好的公共服务。

第三个阶段的概念是"政府数据开放共享"。随着越来越多的国家和机构参与开放政府数据，数据开放共享问题成为新热点。我国在政府文件《促进大数据发展纲要》中较早明确提出了政府数据开放共享的概念。

因此，从概念上来说，政府数据开放共享与政府信息公开、开放政府数据密切相关，也有所不同，它是政府信息资源发展到当前阶段的产物，尤其强调数据的公开性、可获取性和可用性。目前，已有组织机构对政府数据开放共享的相关概念进行了定义。例如，八国集团在《开放数据宪章》中定义了开放政府数据，经济合作与发展组织（OECD）也给出了开放政府数据的概念界定，但对政府数据开放共享的定义目前还未出现。事实上，政府数据开放共享是由我国率先明确的，它既主张开放政府数据，同时强调政府数据开放共享。我们可以认为，政府数据开放共享是指政府机构在法律法规范围内开放、共享其生产或拥有的按照一定标准规范组织过的数据集，这部分数据可供企业和个人自由使用，为社会创造价值。同时，政府数据的开放共享应是在充分的数据安全保障范围内的，要严防泄露危害国家安全和侵犯个人隐私的数据。

2.2 推进数据开放共享在路上

近年来，数据开放共享已成为我国开展数据治理的重要议题，中央和地方政府在数据开放共享的顶层设计和制度化建设方面迈出了创新步伐。

2015 年 9 月 5 日，国务院发布的《关于印发促进大数据发展行动纲要的通知》（国发〔2015〕50 号）（简称《通知》）指出，目前，我国在大数据发展和应用方面已具备一定基础，拥有市场优势和发展潜力，但也存在政府数据开放共享不足、产业基础薄弱、缺乏顶层设计和统筹规划、法律法规建设滞后、创新应用领域不广等问题。为此，《通知》围绕各部门、各地区、各行业、各领域的数据资源开放共享这一核心任务，提出了指导思想和发展目标，以及要开展的主要工作。其中提到要大力推动政府部门数据开放共享：明确各部门数据开放共享的范围边界和使用方式，厘清各部门数据管理及共享的义务和权利，依托政府数据统一共享交换平台，大力推进国家人口基础信息库、法人单位信息资源库、自然资源和空间地理基础信息库等国家基础数据资源，以及金税、金关、金财、金审、金盾、金宏、金保、金土、金农、金水、金质等信息系统跨部门、跨区域共享；加快各地区、各部门、各有关企事业单位及社会组织信用信息系统的互联互通和信息共享，丰富面向公众的信用信息服务，提高政府服务和监管水平；结合信息惠民工程实施和智慧城市建设，推动中央部门与地方政府条块结合、联合试点，实现公共服务的多方数据开放共享、制度对接和协同配合。同时，《通知》还提到要推动公共数据资源开放：推动建立政府部门和事业单位等公共机构数据资源清单，按照"增量先行"的方式，加强对政府部门数据的国家统筹管理，加快建设国家政府数据统一开放平台；制定公共机构数据开放计划，落实数据开放和维护责任，推进公共机构数据资源统一汇聚和集中向社会开放，提升政府数据开放共享标准化程度，优先推动信用、交通、医疗、卫生、就业、社保、地理、文化、教育、科技、资源、农业、环境、安监、金融、质量、统计、气象、海洋、企业登记监管等民生保障服务相关领域的政府数据集向社会开放；建立政府和社会互动的大数据采集形成机制，制定政府数据开放共享目录；通过政务数据公开共享，引导企业、行业协会、科研机构、社会组织等主动采集并开放数据。

2016年9月19日，国务院印发《政务信息资源共享管理暂行办法》，提出政务信息资源共享应遵循的原则：以共享为原则，不共享为例外；需求导向，无偿使用；统一标准，统筹建设；建立机制，保障安全。同时规定，由国家发改委负责制定《政务信息资源目录编制指南》，明确政务信息资源的分类、责任方、格式、属性、更新时限、共享类型、共享方式、使用要求等内容；国家发改委负责组织推动国家共享平台及全国共享平台体系建设。

2016年9月25日，国务院发布《关于加快推进"互联网＋政务服务"工作的指导意见》，提到要推进政务信息共享。国家发改委牵头整合构建统一的数据开放共享交换平台体系，贯彻执行《政务信息资源共享管理暂行办法》，打通数据壁垒，实现各部门、各层级数据信息互联互通及充分共享，尤其要加快推进人口、法人、空间地理、社会信用等基础信息库互联互通，建设电子证照库和统一身份认证体系。国务院各部门要加快整合面向公众服务的业务系统，梳理编制网上政务服务信息共享目录，尽快向各省（区、市）网上政务服务平台按需开放业务系统实时数据接口，支撑政务信息资源跨地区、跨层级、跨部门互认共享；切实抓好信息惠民试点工作，2017年底前，在80个信息惠民国家试点城市间初步实现政务服务"一号申请、一窗受理、一网通办"，形成可复制、可推广的经验，逐步向全国推行。

为了落实中央政策文件精神，推动"互联网＋政务"以及政府数据资源开放政策的具体落地，地方数据治理机构如雨后春笋般纷纷涌现。有学者专门进行过统计，省级数据治理机构的设立状况如表2-1所示。

表 2-1　省级数据治理机构设立状况

省级行政区	设立时间	机构名称	隶属机构
广东	2014 年	广东省大数据管理局	广东省经信委
	2018 年	广东省政务服务数据管理局	广东省政府办公厅
贵州	2015 年	贵州省大数据发展管理局	贵州省政府
浙江	2015 年	浙江省数据管理中心（在改革方案中已被并入大数据发展管理局）	浙江省政府办公厅
	2018 年	浙江省大数据发展管理局	浙江省政府办公厅
内蒙古	2017 年	内蒙古自治区大数据发展管理局	内蒙古自治区政府
重庆	2017 年	重庆市大数据发展局	重庆市经信委
	2018 年	重庆市大数据应用发展管理局	重庆市政府
江西	2017 年	江西省信息中心（省大数据中心）	江西省发改委
陕西	2017/2018 年	陕西省工信厅（省政务数据服务局）和陕西省大数据管理与服务中心	陕西省工信厅
上海	2018 年	上海市大数据中心	上海市政府办公厅
天津	2018 年	天津市大数据管理中心	天津市委网信办
福建	2018 年	数字福建建设领导小组办公室（省大数据管理局）	福建省发改委
广西	2018 年	广西壮族自治区大数据发展局（中国 - 东盟信息港建设办公室、政务服务监督管理办公室）	广西壮族自治区政府
山东	2018 年	山东省大数据局	山东省政府
北京	2018 年	北京市经济和信息化局（市大数据管理局）	北京市政府
安徽	2018 年	安徽省数据资源管理局（省政务服务管理局）	安徽省政府
河南	2018 年	河南省大数据管理局	河南省办公厅
吉林	2018 年	吉林商务服务和数字化建设局	吉林省政府

来源：黄璜，《中国地方政府数据治理机构的初步研究：现状与模式》，《中国行政管理》。

从省级政府数据治理机构的设立来看，2014 年 2 月，广东省在全国率先成立了省级大数据管理局。2015 年 8 月之后，贵州省和浙江省先后成立了贵州省大数据发展管理局和浙江省数据管理中心。其中，贵州省大数据发展管理局是首个省政府直属的大数据治理机构。2017 年，省级大数据治理机构又增加了 4 个，分别是内蒙古自治区大数据发展管理局、重庆市大数据发展局、江西省大数据中心及陕西省政务数据服务局。2018 年 6 月，上海市成立了上海市大数据中心。7 月，天津市成立了天津市大数据管理中心。2018 年 10 月之后，一部分省（市、自治区）陆续成立了专门的数据治理机构。例如，福建成立数字福建建设领导小组办公室，加挂省大数据管理局牌子；广西设立大数据发展局；北京组建经济和信息化局，同时加挂市大数据管理局牌子；安徽组建省数据资源管理局，加挂省政务服务管理局牌子；河南的大数据管理局由省政府办公厅管理。另一部分省（市、自治区）则是对原有机构进行了调整组合。例如，浙江将省政府办公厅的公共数据和电子政务及政府门户网站建设管理职责，与省经济和信息化委员会的电子政务发展、政务和社会公共服务信息资源开发利用职责等进行全面整合，重新组建了省大数据发展管理局，并作为省政府办公厅管理的副厅级机构；山东在省政府办公厅大数据和电子政务等管理职责的基础上组建省大数据局，作为省政府直属机构；重庆市则将经信委的人工智能、大数据、信息化推进职责和发改委的社会公共信息资源整合与应用、智慧城市建设职责等进行整合，在此基础上组建了重庆市大数据应用发展管理局。广东在之前已经建立的数据治理机构的基础上重新组建了副厅级的广东省政务服务数据管理局，由省政府办公厅管理。

从省级以下政府数据治理机构的设立来看，2015 年 5 月，广州市政府设立广州市大数据管理局，成为国内最早成立的政府数据治理机构之一。同年，沈阳、兰州、武汉、石家庄、厦门等地先后成立了政府数据治理机构，成为政府数据治理创新的先行者。2016 年，银川、青岛、贵阳、哈尔滨、宁波等市成立了相关机构。2017 年以后，成立政府数据治理机构的城市开始迅速增加。根据公开材料，截至 2018 年 10 月，有 79 个副省级和地级城市组建了政府数据治理机构。其中，省会及副省会城市的数据治理机构设立情况如表 2-2 所示。

表 2-2 省会及副省级城市数据治理机构设立情况

城市	设立时间	机构名称	隶属机构
广州	2015 年	广州市大数据管理局	广州市工信委
沈阳	2015 年	沈阳市大数据管理局	沈阳市政府
兰州	2015 年	兰州市大数据社会服务管理局	兰州市政府
武汉	2015 年	武汉市互联网信息办公室（市大数据管理局）	武汉市网信办
石家庄	2015 年	石家庄市大数据中心	石家庄市统计局
厦门	2015 年	厦门市信息中心（市大数据管理中心）	厦门市经信局
银川	2016 年	银川市大数据管理服务局	银川市工信局
青岛	2016 年	青岛市电子政务和信息资源管理办公室（市大数据发展促进局）	青岛市政府办公厅
贵阳	2016 年	贵阳市大数据发展管理委员会	贵阳市政府
哈尔滨	2016 年	哈尔滨市大数据管理局	哈尔滨市工信委
宁波	2016 年	宁波市大数据管理局	宁波市经信委
西安	2017 年	西安市大数据管理局	西安市工信委
呼和浩特	2017 年	呼和浩特市大数据发展管理局	呼和浩特市政府
南京	2017 年	南京市大数据管理局	南京市经信委
成都	2017 年	成都市大数据和电子政务管理办公室	成都市政府办
昆明	2017 年	昆明市工信委（市大数据管理局）	昆明市工信委
合肥	2017 年	合肥市数据资源局	合肥市政府
杭州	2017 年	杭州市数据资源管理局	杭州市政府
西宁	2017 年	西宁市大数据服务管理局	西宁市政府
南宁	2018 年	南宁市信息网络管理中心（南宁大数据统筹管理中心）	南宁市发改委
乌鲁木齐	2018 年	乌鲁木齐市经信委（市大数据发展局）	乌鲁木齐市经信委
大连	2018 年	大连市大数据中心	大连市政府

来源：黄璜，《中国地方政府数据治理机构的初步研究：现状与模式》，《中国行政管理》。

2.3 数据开放共享的主要方式

2.3.1 数据开放

数据开放主要是指政府数据面向公众开放。该方式主要适用于非敏感、不涉及个人隐私的数据，并且需要保证数据经过二次加工或聚合分析后仍不会产生敏感数据。

2018年1月，中央网信办、国家发改委、工信部联合印发了《公共信息资源开放试点工作方案》，确定在北京、上海、浙江、福建、贵州开展公共信息资源开放试点。在统一开放平台、明确开放范围、提高数据质量、促进数据利用、建立完善制度规范和加强安全保障六方面探索形成可复制的经验，逐步在全国范围加以推广。

试点地区重点开放信用服务、医疗卫生、社保就业、公共安全、城建住房、交通运输、教育文化、科技创新、资源能源、生态环境、工业农业、商贸流通、财税金融、安全生产、市场监管、社会救助、法律服务、生活服务、气象服务、地理空间及机构团体等领域的公共信息资源。到2018年底，在统筹协调、组织实施、运营保障、数据开发利用及保护等方面形成有效机制，在平台建设、目录编制、数据管理、考核评估、监督检查及安全保护等方面形成一批制度和标准规范。

在促进数据利用方面，试点地区要积极推动公共信息资源的开发利用；要加强宣传引导，积极营造全社会广泛参与和开发利用公共信息资源的良好氛围；

鼓励通过政府专项资金扶持和数据应用竞赛等方式，支持社会力量利用开放数据开展创业创新，促进大数据产业发展；引导基础好、有实力的机构和个人利用开放数据开展应用示范，带动各类社会力量开展数据增值开发；对于大规模、连续利用数据服务的机构和个人，要实行网络实名登记管理。

在建立完善制度范围方面，试点地区要制定公共信息资源开放管理办法，明确部门责任分工、开放流程、质量管理、安全保障、绩效评估及监督检查等内容；制定公共信息资源开放平台技术规范，明确平台总体架构、业务流程、应用功能、服务接口、平台间对接方式、用户交互方式、网络安全保障及运行维护等要求；根据国家《政务信息资源目录编制指南（试行）》制定本地区开放目录，并明确主题分类、开放部门、数据属性、更新时限、开放类型、开放方式及使用要求等内容。

在加强安全保障方面，试点地区要切实加强公共信息资源开放安全保障工作；网络安全技术措施要与公共信息资源开放平台同步规划、同步建设、同步运行；要建立健全公共信息资源开放安全管理制度和保密审查制度，加强动态管理，落实各项安全保护措施；建立健全公共信息资源开放应急工作机制，制定应急预案，定期组织演练；制定公共信息资源开放安全风险评估制度，定期开展安全评估，特别是不同领域数据汇集后的风险评估，对存在的问题进行督导和及时解决。

上海市政府数据服务网作为全国首个政府数据服务网站，承担着对外数据开放、提供检索下载服务等功能，并且部分数据已被信息服务企业调取利用，政府数据的经济价值初步显现。在数据开放层面，截至 2018 年初，上海市政府数据服务网已开放数据项总量 57551 条，开放数据资源 1564 个，涉及开放数据部门 42 个。网站通过三个双向模块——数据导引、数据获取、互动交流对部分政府数据进行公开，用户在获取数据后可以直接分析。这些数据经过国家安全、商业机密和个人隐私的审核，用户可以对数据进行预览，先行了解数据文件中所含的数据字段和样例。同时，为了跟踪开放数据的使用情况，为下一步数据的开放提供经验，用户需要注册后才可以下载利用。

2.3.2　数据交换

数据交换主要是政府部门之间、政府与企业之间通过签署协议或合作等方式开展的非营利性数据开放共享。一般有两种情况。一种是为信用较好或有关联的实体之间提供数据交换机制，由第三方机构为双方提供交换区域、技术及服务。这种交换适用于非涉密或保密程度比较低的数据。另一种是针对敏感数据封装在业务场景中的闭环交换。通过安全标记、多级授权、基于标准的访问控制、多租户隔离、数据族谱、血缘追踪及安全审计等安全机制构建安全的交换平台空间，确保数据可用不可见。

浙江"最多跑一次"改革就是基于打通"信息孤岛"，实现数据开放共享的政务实践。以办理不动产登记证为例，在数据开放共享改革之前，个人需要向国土、住建、地税三部门递交 65 份 600 页材料，数据开放共享后只需要递交 17 份 200 页材料，在住建和地税部门共享（住建部门房产交易信息办完以后共享给地税用于税费核算交费），并最终由国土部门办理证件。这个过程中既有受理材料共享，也有联办部门办理信息共享给下一个部门。基于这样的数据开放共享，办证时间大大缩短，实现了"1 小时领证"。

不光是政府之间的数据交换共享，政府与企业之间已经合作开展了一些实践案例。

2013 年 2 月 25 日，国家食品药品监督管理总局与百度在北京联合举行"安全用药，搜索护航"战略合作签约仪式。国家食品药品监督管理总局的三大药品数据库，总计 20 余万条权威药品信息全面入驻百度。

2014 年 5 月 27 日，中国气象局公共气象服务中心与阿里云达成战略合作，共同搭建"中国气象专业服务云"，面向有气象数据需求的企业提供专业化的云计算服务。

2017 年 7 月，腾讯与中国地震应急搜救中心达成战略合作，中国地震应急搜救中心将依托腾讯位置服务大数据，助力防灾、减灾、救灾决策。腾讯位置服务是国内领先的 LBS 大数据服务平台，自 2018 年 9 月上线以来已形成了公安、旅游、城市规划、房地产及商业等多个垂直行业解决方案，目前每日覆盖 6.8 亿人，日均定位量超过了 500 亿次。

2017 年 11 月，国家信息中心与京东金融在京签署《关于加强信用信息共享的合作备忘录》。国家信息中心依托"信用中国"网站的数据共享专区，通过查询检索、数据服务接口及数据文件下载等服务方式，向京东金融共享并定期更新可向社会公开的公共信用信息；京东金融将根据业务需要，对获取的公共信用信息进行加工、整理及导入相关业务系统，并依据业务审核规则对相关守信企业和个人在京东金融及其关联方进行授信申请或享受金融服务时给予相应的激励措施，对受惩戒企业和个人进行严格审查并采取相应的限制措施。早在 2017 年 2 月，国家信息中心就曾与京东集团签署《关于加强信用信息共享共用和推进电商领域信用建设的合作备忘录》。截至 2017 年底，京东已向全国信用信息共享平台提供了 1.5 万条内部抽检、舆情监控数据。

2.3.3 数据交易

数据交易主要是对数据明码标价进行买卖。目前，市场上比较多的第三方数据交易平台提供的主要是这种模式。

从全国范围来看，2015年前成立并投入运营的有北京大数据交易服务平台、贵阳大数据交易所、长江大数据交易所、东湖大数据交易平台、西咸新区大数据交易所和河北大数据交易中心。2016年新建设的有哈尔滨数据交易中心、江苏大数据交易中心、上海大数据交易中心以及浙江大数据交易中心。据《2016年中国大数据产业白皮书》不完全统计，2015年我国大数据相关交易的市场规模为33.85亿元，预计2020年将达到545亿元。

基于大数据交易所（或交易中心）的交易模式是目前我国大数据交易的主流模式，比较典型的代表有贵阳大数据交易所、长江大数据交易所及东湖大数据交易平台等。这类交易模式主要具有两个特点：一是运营上坚持国有控股、政府指导、企业参与、市场运营的原则；二是股权模式上主要采用国资控股、管理层持股、主要数据提供方参股的混合所有制模式。该模式既保证了数据的权威性，也激发了不同交易主体的积极性，扩大了参与主体范围，从而推动数据交易实现从商业化向社会化、从分散化向平台化、从无序化向规范化的转变，将分散在各行业不同主体手中的数据资源汇集到统一的平台中，通过统一规范的标准体系实现不同地区及不同行业之间的数据共享、对接和交换。

交通、金融、电商等行业分类的数据交易起步相对较早，由于领域范围小，所以数据流动更方便。同时，基于行业数据标准，较易实现对行业交易数据的统一采集、统一评估、统一管理、统一交易。2015年11月，中科院深圳先进技术研究院北斗应用技术研究院与华视互联联合成立了全国首个交通大数据交易平台。2017 年 9 月，海南省政府花费 500 万元采购通信运营商一年的相关数据。

近年来，我国以数据堂、美林数据、爱数据等为代表的数据资源企业渐具市场规模和影响力。区别于政府主导的大数据交易模式，数据资源企业推动的大数据交易更多是以盈利为目的，数据变现意愿较其他类型的交易平台更强烈。数据资源企业生产经营的"原材料"就是数据，在数据交易产业链中兼具数据供应商、数据代理商、数据服务商及数据需求方多重身份。其在经营过程中往往采用自采、自产、自销模式并实现"采、产、销"一体化，然后通过相关渠道将数据变现，进而形成一个完整的数据产业链闭环。正是因为这种自采、自产、自销的新模式，数据资源企业所拥有的数据资源具有独特性、稀缺性，交易价格一般较高。

以百度、腾讯、阿里巴巴等为代表的互联网企业凭借自身拥有的数据规模优势和技术优势在大数据交易领域快速"跑马圈地"，并派生出数据交易平台。这种大数据交易一般是基于企业本身业务派生而来，与企业母体存在强关联性。一部分数据交易平台作为子平台，数据主要来源于"母体"并以服务"母体"为目标；也有一部分数据交易平台脱离"母体"而独立运营，即便如此也能看到"母体"的影子。以京东万象为例。京东万象作为京东的业务组成部分，其交易的数据和服务的主体与电商息息相关，而且交易数据品类较为集中。尽管京东万象的目的是打造全品类数据资产的交易，但目前主推的仍是金融行业相关数据，而现代电子商务的发展离不开金融数据的支撑。

中国大数据应用于交易刚处在起步阶段，90% 的投资都投向了数据清洗、数据整合，数据计算和存储、数据分析和应用方面仅占投资的 10%。而且，外部数据价值应用更有限。

 ## 2.4 数据开放共享并非易事

目前无论是国家顶层设计层面，还是具体实操层面，数据的开放共享都取得了比较显著的成效，但是我们也必须看到，由于一系列因素的掣肘，无论是政府之间的数据开放共享，还是政府与企业之间的数据开放共享，其进展都没有设想的那么尽如人意。与主要发达国家相比，我国政府数据开放共享的水平仍然较低。根据 Data.gov 网站的《全球开放数据深度报告》，我国得分为 11.8 分，而美国得分为 93.4 分，差距极大。为何会出现这样的情况？笔者认为主要还是无意愿、无胆量、无本领造成的。

2.4.1 无意愿开放共享

不同于以往任何时候，我们正生活在一个万事万物高速发展的时代，而大数据正是催生这种时代特征的根本动力。大数据研究专家维克托·迈尔－舍恩伯格曾经说过："世界的本质是数据。"在他看来，认识大数据之前，世界原本就是一个数据时代；认识大数据之后，世界不可避免地分为大数据时代、小数据时代。

从政府的角度来看，当前各级各类政府部门及公共机构掌握的政务数据是数量最庞大、价值密度最高的数据资源，也正是所谓的大数据，对于推动经济发展、完善社会治理、提升政府服务和监管能力具有重要价值。目前，在政府的公共管理过程中，从定性决策到量化决策已是必然趋势。其中，数据是决策的基础。如今的数据分析已与传统基于抽样方法统计的数据不同，基本可以不经过任何抽样而直接对全样本的复杂数据进行实时分析处理，使政府决策所依据的数据资料更加全面，提高决策的针对性、科学性和时效性。

与政府相比，企业产生的主要是小数据，但是小数据也有大作用。如今，因实施数字化转型取得成功的案例比比皆是。以前，领导层确定企业决策和战略实施，主要依靠自身的决策经验和信息整合能力。而现在高性能并行的计算机处理技术通过处理海量数据集推导出科学的战略决策，能大大提升领导决策的精准度和效率，同时也畅通了内部信息的沟通渠道，提高了企业的运转效率。更重要的是通过帮助营销部门从繁杂庞大的数据中挖掘、分析用户的行为习惯和喜好，研发出更符合用户偏好的产品和服务，最终也极大提高了商业利益。

除此之外，公共领域利用大数据造福人类的事件也是不胜枚举。例如，大数据曾被洛杉矶警察局和加利福尼亚大学合作用于预测犯罪的发生；麻省理工学院利用手机定位数据和交通数据建立城市规划；谷歌流感趋势利用搜索关键词预测禽流感的散布；气象局通过整理近期的气象情况和卫星云图，更加精确地判断未来的天气状况。

因此，大数据时代，无论是大数据还是小数据，里面都蕴含了无穷的宝藏。但是有一点我们必须清楚，数据本身并不产生价值，如何分析和利用大数据对业务、对人类产生帮助，才是它的价值所在。

然而，并非所有人都能认识到数据的价值在于利用、流动，在于整合分析挖掘。这种思维方式无论在政府、企业，还是其他机构，都大有人在。他们往往将数据束之高阁，不加任何开发和利用。由于数据的一个重要特性就是其价值具有很强的时效性，过了一定的时间，价值就可能贬低甚至消失，因此将数据束之高阁是数据开放共享过程中的大碍。

对于数据的价值，有部分人没有认识到，而有部分人了解得非常清楚。正因为太了解，所以又出现了一种在数据开放共享的过程中将数据作为利益、权力或私有财产独享的心理。

2018 年 7 月，国务院印发了《关于加快推进全国一体化在线政务服务平台建设的指导意见》（简称《指导意见》），在"统一数据开放共享"中提到：国家政务服务平台充分利用国家人口、法人、信用、地理信息等基础资源库，对接国务院部门垂直业务办理系统，满足政务服务数据开放共享需求；发挥国家数据开放共享交换平台作为国家政务服务平台基础设施和数据交换通道的作用，对于各省（自治区、直辖市）和国务院有关部门提出的政务服务数据开放共享需求，由国家政务服务平台统一受理和提供服务，并通过国家数据开放共享交换平台交换数据；整合市场监管相关数据资源，推动事中事后监管信息与政务服务深度融合、"一网通享"；建设国家政务服务平台数据资源中心，汇聚各地区和国务院有关部门政务服务数据，积极运用大数据、人工智能等新技术，开展全国政务服务态势分析，为提升政务服务质量提供大数据支撑。《指导意见》对政务信息共享提出了科学的目标和要求，数据应用开放的关键是打破数据孤岛，让数据互联互通，达成数据和信息共享。

但是，当前我国政府信息化建设依然存在各自为政、重复建设的问题，部门条块分割比较严重，各部门之间沟通困难。出于权限和利益问题的考虑，很多单位将政府数据资源部门化、专属化、利益化，存在所谓"数据话语权"思想，对数据开放共享存在抵触情绪及推诿应付现象，导致"数据割据"问题严重。例如，我们每个公民的个体信息分别掌握在工商部门、银行、保险、公安、医院、社保、运营商等不同的机构手里，但真要打通和融合各个部门掌握的数据却是很困难的事情。

数据割据的现象不仅存在于政府部门之间，当前我国一些企业之间的此类现象也非常严重。我国互联网巨头都掌握了海量的数据，像百度、腾讯、阿里巴巴三大互联网公司分别掌握了搜索、社交和消费数据。如果三方数据能汇聚在一起，就可拼凑出一个完整的互联网数据图谱，但事实往往是互联网企业之间的竞争多于合作。势均力敌的巨头之间尚且如此，互联网市场的中小型企业对巨头所掌握的数据更是望尘莫及，因此很难在现有市场格局中取得突破，这种现状进一步加剧了巨头割据的现象。

2.4.2 无胆量开放共享

2018 年 3 月 25 日，1.5 亿条来自美国著名运动装备品牌安德玛（Under Armour）的用户数据遭泄露，这些数据包括用户名、邮箱地址、密码等隐私信息。同年，法国工程咨询公司 Ingérop 也遭遇了网络攻击，超过 1 万份与法国核电站、监狱及电车网络相关的机密文件从该公司的服务器上被窃取。

这些都是明网上公开的数据泄露事件，暗网上被窃取的数据交易更是不胜枚举。2019 年 1 月，360 安全监测与响应中心发布了一篇关于"2018 年暗网非法数据交易总结"的报告，是基于从某暗网交易平台抽样收录不法分子发布的1000 条数据交易信息归纳出的情况，其中记录的暗网重大数据交易事件涉及军事、政府、互联网等多个领域。例如，在政治方面，Anomali Labs 和 Intel 471 的安全研究人员第一次追踪到有人在暗网兜售 2018 年美国选民登记记录。这些选民数据来自美国 19 个州，被售卖的信息包含选民的全名、电话号码、真实地址、历史投票和其他暂未明确的投票数据。每个选民的信息以 150 美元～12500 美元的价格出售。售卖者还声称，一旦购买这些数据，他们将每周都为购买者提供定期的更新。

在互联网领域，某动漫网站发布公告称近千万条用户数据被盗，被盗的数据包括用户的 ID、昵称和密码等。而这些数据早在 2019 年 3 月 8 日就已经在暗网被出售。出售数据被分为三组，其中一组为 800 万条该动漫网站数据以 12000 元，即 1 元 800 条的价格出售；而另外两组数据也分别达到了 70 万条和 600 万条，以 7000 元和 12000 元的价格出售。这些被出售的数据均包含用户名、手机号码和密码，且均为一手数据，整份价格约为 0.49 个比特币。

在酒店及快递行业，某集团旗下多家连锁酒店的数据在中文暗网市场交易网站出售。卖家声称，这些数据涉及多家知名酒店，共 1.3 亿人的个人信息。出售的数据包含三个部分：（1）官网的注册资料，如姓名、手机号、邮箱、身份证号和登录密码等；（2）酒店入住时登记的登录信息，包含姓名、身份证、家庭住址、生日和内部 ID；（3）酒店开房记录，包含同房间关联号、姓名、卡号、手机号、邮箱、入住时间及离开时间等。

无论是一些大型工业互联网的安全事件，还是暗网上令人触目惊心的数据交易，都只是数据安全领域的冰山一角。近年来，数据安全问题频频发生，大到给国家安全和经济社会发展造成严重的潜在危害，小到给公民个人造成巨大的经济损失和精神伤害。正是由于数据在收集、存储、使用、交换及销毁等各个环节都存在极大的安全隐患，很多政府部门和大型互联网企业在数据开放共享中都心存忧虑，担心因数据泄露或遭黑客攻击而带来严重后果，不敢推动数据开放共享进程。

除了对数据泄露等安全事件的恐惧，还有些出于对数据伦理的考虑。2018年10月24日，科技部官网公布了对复旦大学附属华山医院、华大基因、药明康德、昆皓睿诚、厦门艾德生物、阿斯利康6家单位的行政处罚。虽然行政处罚的时间各不相同，但处罚的原因一致，都是因为违反《人类遗传资源管理暂行办法》（国办发〔1998〕36号）、《中华人民共和国行政处罚法》等有关规定，违规采集、收集、买卖、出口、出境人类遗传资源。从网上公开的材料来看，涉事单位阿斯利康未经许可将已获批项目的剩余样本转运至厦门艾德生物医药科技股份有限公司和昆皓睿诚医药研发（北京）有限公司，开展超出审批范围的科研活动；厦门艾德未经许可接收阿斯利康投资30管样本，拟用于试剂盒研发相关活动；而昆皓睿诚则未经许可接收阿斯利康567管样本并保存。

值得一提的是，这是科技部首次公开涉及人类遗传资源的行政处罚。实际上，针对此次"基因信息违法出境"事件，在《人类遗传资源管理暂行办法》《专利法》《网络安全法》和《个人信息和重要数据出境安全评估办法》，以及《刑法修正案》和《民法总则》等法律法规中均能找到处罚依据。这个案件折射出的不仅仅是如何把握数据跨境流动的安全性问题（将在后文中详述），还有数据伦理问题。

前面讲过大数据杀熟、动态定价等现象，数据本身是中立的，但与数据相关的技术和算法不一定是中立的，甚至带有人类认识的局限性。因此，数据在利用过程中就会出现不中立甚至违背伦理的现象。尤其是针对上述基因信息等带有人类生物特征的数据，更是一个国家、一国公民所不可触碰的底线资源。再以无人驾驶为例，人类开车在正常行驶过程中遇到有人突然横穿马路时是决定直接撞过去还是紧急刹车，都包含对自身伦理道德的拷问，其决定可能是自私的，也可能是无私的，但在无人驾驶时，汽车只是接收一行行冷冰冰的代码指令，然后做出选择。所以，这也涉及数据的道德和伦理问题。那么，这些数据的开放共享牵扯到很多既有挑战性又很复杂的问题，均会加重数据主体在开放共享数据时的顾虑。

更有甚者，有时开放数据还会惹来麻烦，尤其由于数据质量问题招来的质疑。

对于一个国家来说，统计数据是政府数据的主要来源。改革开放以来，我国政府统计进行了一系列改革，政府统计数据正在朝着越来越全面客观反映国家经济社会发展情况的方向发展。但我们也要看到，统计工作是一个比较复杂的系统工程，需要多个部门加强配合协调，按计划进行统计信息的收集汇总和分析，才能形成统计数据分析结论。只要其中一个环节出现问题或失误，就会直接导致统计数据的准确性下降。此外，缺乏明确的解释和统一的统计口径也会导致统计数据混乱。很多数据即使收集起来也无法进行对比分析和统一转化，因而直接影响了政府统计数据的全面性、真实性和准确性，损害了政府公信力和权威形象。因此，有些部门和单位为了不承担数据开放共享后因数据质量存在问题所带来的麻烦，而宁可不开放共享。

除了数据质量方面容易让人产生顾虑，还有些数据造假行为更是成了数据开放共享过程中的"拦虎路"。2018年的某市空气监测数据造假案引起了广泛关注。2017年1月，某市政府因大气环境质量持续恶化、二氧化硫浓度长时间"爆表"问题被原环境保护部约谈，并同步暂停新增大气污染物排放项目的环评审批。2018年3月底，生态环境部检查发现，该市的6个国控空气自动监测站部分监测数据异常，采样系统受到人为干扰。经调查，犯罪嫌疑人通过堵塞采样头、向监测设备洒水等方式，对全市6个国控空气自动监测站实施干扰近百次，导致监测数据严重失真达 53 次。最终，涉案人员均被判处有期徒刑。

试想，如果这样的假数据被开放共享移作他用，将会带来何种负面影响？！但是，当前此类问题并不鲜见。

在互联网行业，数据造假更是随处可见。2018 年 11 月，一篇自媒体文章不仅引起了公众对旅游社区平台马蜂窝点评内容抄袭的质疑，也捅开了互联网行业数据造假的"马蜂窝"。随后，有业内人士指出，从最早的电商刷单、刷好评，到之后的微信公众号买粉、刷阅读量，再到网络直播平台买流量、App 机器人用户充数据，数据造假充斥各个角落。尽管数据造假的手段多种多样，但背后的目的都是一样的，即造假能够降低成本、提高商业利益。然而，这样的数据如果被开放共享，对于数据使用方来说真的是百害而无一利。

2.4.3　无本领开放共享

大数据的价值在于如何通过分析繁复的数据得出预测性结论，并最终利用它来实现某种目的。其中，对数据的分析和处理是数据使用者的核心竞争力。然而，对数据进行挖掘和分析既包含统计、在线分析处理、机器学习等学科知识，也利用了人工智能、模式识别和算法等思想。同时，数据挖掘还接纳入了包括最优化、进化计算、信息论和可视化等其他领域的思维方式。可以说，数据的利用是一项专业性强、难度大的技术活。

与数据的利用相比，数据的开放共享更是不易。从技术角度看，当前数据难以开放共享的根本原因在于当前信息系统设计的理论体系有问题。当前设计各种信息系统的特点是数据及数据结构完全由设计人员自己决定，因此各信息系统中的数据完全是异构的，要实现信息系统之间的互联互通，必须通过转换数据结构的方式实现。从这个意义来说，很多数据主体不具备实现开放共享的技能，无法开放共享。

此外，目前关于数据开放共享的法律法规也十分匮乏。关于数据开放共享，目前国家和地方层面出台了一些管理制度，但是主要针对政府间行为。

国家层面

2016年9月发布的《政务信息资源共享管理暂行办法》规定，政务信息资源按共享类型分为无条件共享、有条件共享、不予共享等三种。可提供给所有政务部门共享使用的政务信息资源，属于无条件共享类；可提供给相关政务部门共享使用，或仅能够部分提供给所有政务部门共享使用的政务信息资源，属于有条件共享类；不宜提供给其他政务部门共享使用的政务信息资源，属于不予共享类。

2018年3月发布的《科学数据管理办法》在有关科学数据的共享与利用中提到以下几点。

（1）政府预算资金资助形成的科学数据应当按照开放为常态、不开放为例外的原则，由主管部门组织编制科学数据资源目录，有关目录和数据应及时接入国家数据共享交换平台，面向社会和相关部门开放共享，畅通科学数据军民共享渠道。国家法律法规有特殊规定的除外。

（2）法人单位要对科学数据进行分级分类，明确科学数据的密级和保密期限、开放条件、开放对象和审核程序等，按要求公布科学数据开放目录，通过在线下载、离线共享或定制服务等方式向社会开放共享。

（3）对于政府决策、公共安全、国防建设、环境保护、防灾减灾、公益性科学研究等需要使用科学数据的，法人单位应当无偿提供；确需收费的，应按照规定程序和非营利原则制定合理的收费标准，向社会公布并接受监督。

（4）对于因经营性活动需要使用科学数据的，当事人双方应当签订有偿服务合同，明确双方的权利和义务。

地方层面

2017 年 5 月开始施行的《贵阳市政府数据共享开放条例》将政府数据开放共享工作、经费、目标考核纳入法制化管理，对各级部门的相应职责进行了具体规定和明确；规定行政机关通过共享平台获取的文书类、证照类、合同类政府数据与纸质文书原件具有同等效力，可以作为行政管理、服务和执法的依据。在政府数据开放共享中，政府数据提供机关不同意开放政府数据的要说明理由并限时答复。尤其是在政府数据开放中，除了规定不同意开放要说明理由以外，还规定了对政府数据提供机关的答复有异议的可以向市大数据行政主管部门提出复核申请，大数据行政主管部门应当限时反馈复核结果。

不过，这些政策文件主要还是从宏观和顶层设计的角度对政府数据开放共享进行规定，目前我国还没有哪部法律法规对数据开放共享的原则、数据分类和开放边界、数据格式、质量标准、互操作性等做出规范。而且，数据在采集、传输、存储、处理、交换甚至销毁等各个阶段，其所有者和使用者往往都不同，存在数据所有权和使用权分离的情况，很容易导致数据滥用、数据权属不明确以及无法进行数据定价等问题。针对这些情况，现阶段都没有明确的法规予以指导和规范，所以导致数据开放共享难以操作，出现问题也找不到相应的法律依据加以解决。

第 3 章

数据产权:
躲在被遗忘的角落里

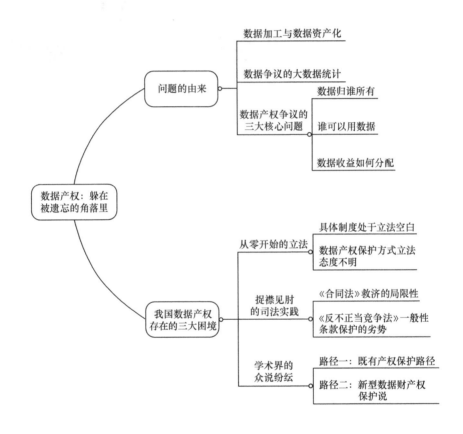

数据产权：躲在被遗忘的角落里

问题的由来
- 数据加工与数据资产化
- 数据争议的大数据统计
- 数据产权争议的三大核心问题
  - 数据归谁所有
  - 谁可以用数据
  - 数据收益如何分配

我国数据产权存在的三大困境
- 从零开始的立法
  - 具体制度处于立法空白
  - 数据产权保护方式立法态度不明
- 捉襟见肘的司法实践
  - 《合同法》救济的局限性
  - 《反不正当竞争法》一般性条款保护的劣势
- 学术界的众说纷纭
  - 路径一：既有产权保护路径
  - 路径二：新型数据财产权保护说

本章主要揭示了数据产权问题的由来，并且针对我国在实践中遇到的问题梳理出数据产权治理面临的三大困境。随着数据处理技术的提高，数据已经从最原始的存储、传播媒介发展成了具备巨大经济价值的资源，数据产业已经形成了较完整的产业链条，数据作为一种财产或者资产成为大家的共识。但是，在近年来数据争议频发的背景下，数据是否受法律保护，受何种法律保护，却没有明确的答案。其原因在于数据产权的三大核心问题，即数据归谁所有、谁可以用数据、数据收益如何分配，没有得到妥善解决。

总体来看，当前我国数据产权保护存在三大困境。第一大困境是数据产权的立法尚处于初级阶段，有关数据财产保护的立法尚处于空白状态，《民法总则》中有关数据保护的引致规范也无法发挥作用。第二大困境是司法实践对数据财产保护不充分。当前的司法实践中，无论通过《合同法》还是《反不正当竞争法》来寻求救济都有其局限性，均无法做到对数据财产的全面保护。第三大困境是对于应以何种方式保护数据财产，当前学术界也莫衷一是，主要表现为两种保护路径：路径一是既有财产权的吸收保护，主要有所有权保护说、知识产权保护说、债权保护说；路径二是新型数据财产权保护方式。

3.1 数据产权：真命题还是伪命题

随着大数据时代的来临，大数据的巨大价值让许多互联网企业看到了新的商机，促使一批又一批的行业精英成为数据资产化之路的"垦荒人"。大数据的价值也由一个抽象的描述逐渐变成了可视化的计量。借助对数据资产的运营，诸多互联网企业年年都可以拿出令人炫目的业绩报表。而对于它们的财富来源，我们整个社会都是缺乏追问的。

当前，我国数据资源资产化正在如火如荼地开展，实践的脚步早已超越理论走在"资产化"最前沿。目前，市场经济已证实数据资产具有价值属性，但其价值需要在数据的应用和流通中体现。实际上，无论政府还是部分企业，都拥有非常丰富的大数据资源，但是大部分都被束之高阁，有数据需求的企业无法获取。其中横亘的第一道"天堑"就是数据产权的问题。这个问题看似简单，实则不然。要探讨清楚，还要从"数据"一词说起。

3.1.1 数据加工与数据资产化

（1）数据加工：从原生数据到衍生数据

"数据"一词在第1章已有解释，为什么这里又要重提呢？那是因为要想弄清数据产权问题，仅了解数据的定义是远远不够的，我们还需要着眼于数据的整个产业链条，才能弄清数据产权的真实内涵。

以数据加工为界，数据可以分为原始数据和二次开发利用数据。原始数据是指不依赖现有数据而产生的数据，即数据从 0 到 1 的过程。二次开发利用数据是指原始数据被存储后，经过算法筛选聚合、加工、计算而成的系统的、可读取、有使用价值的数据，如购物偏好数据、浏览偏好数据、分析数据等，即从 1 到 $f(1)$ 的过程（注：从 0 到 1 仅表示从无到有的含义，$f(\ )$ 仅表示数据的加工、计算、聚合的操作过程，均不表示具体含义）。[1]

原始数据是不能再生的数据，而二次开发利用数据是可再生的数据。以互联网为例，互联网上的数据主要基于用户行为而产生。用户在互联网上的操作包括两类，一类是输入，另一类是点击。前者如用户注册时输入姓名、邮箱，使用服务后的评论，使用搜索引擎时的搜索内容输入，等等；后者如用户通过鼠标点击某个页面、点击某个商品链接、点击下单、点击提交、点击确认，这些均属于原始数据的范畴。而二次开发利用数据则是在这些用户输入和点击的日志的基础上，通过算法计算、加工、聚合后形成一条条结构化的数据。[2]

当数据量小时，原生数据体现数据的价值，因为从数据内容中可以直接读取直观的信息获取价值。当面对大数据时，原生数据的直观价值锐减，反而侧重于数据之间相关性的价值挖掘，这就是所谓的衍生数据价值。大数据时代，原生数据不能被直接利用，需要对其进行加工。就像翡翠原石的开采，在没有加工成饰品时，翡翠原石与石头一般无二。这样的数据加工、计算、聚合，实现了从数据原石到数据宝石的演变。演变后，这种数据就是我们所称的衍生数据。大数据经济环境下，企业追逐的数据价值基本都体现在衍生数据上，而衍生数据

[1] 汤春蕾. 数据产业 [M]. 上海：复旦大学出版社，2013.

[2] 杨立新. 二次开发利用数据是数据专有权的客体 [N]. 中国社会科学报，2016-07-13
（005）.

价值的高低则取决于原生数据到衍生数据的聚合、加工、计算的准确程度 。[1]

（2）数据资产化

数据加工让数据的价值凸显，而随着大数据时代的到来，数据分析处理技术的提升使一个个数据抽象的描述逐渐成了可视化的计量，成为大数据进入国民经济体系和国民视野的一个良好途径。

那么，数据能否和其他财产一样成为资产呢？我们还要先搞清楚资产的含义。在会计学领域，资产是指企业过去事项形成的属于企业管领控制的、预期能为企业带来经济利益的总流入。同理，数据资产作为资产大类中的一员，笔者认为其定义也应突出两个方面：其一，企业合法占有数据资产，体现其控制属性；其二，数据资产预计能为企业带来经济利益的正向流入，彰显数据的价值属性。[2] 通过以上两个标准可知，数据并不等于数据资产。换句话说，并非所有的数据均有经济利益，除非同时满足可被计量、可被控制、可被变现的属性。值得一提的是，数据资产的变现过程就是当前数据资产化的过程。[3]

近年来，我国数据产业迅速发展，数据产业链中的一大亮点就是数据交易产业。2015 年 4 月 15 日，贵阳大数据交易所正式挂牌。随后，中关村数海数据资产评估中心有限公司也获批成立，这是我国首家数据资产登记确权赋值的服务机构。目前，已有不少企业通过数据资产运营，让数据实现了价值。广东省数字广东研究院、深圳市腾讯计算机系统有限公司作为卖方，完成了买方为中金数据系统有限公司、京东云平台的首批数据交易。许多数据创新型企业通过

---

[1] 丁道勤. 基础数据与增值数据的二元划分 [J]. 财经法学，2017（02）：5-10+30.

[2] 康旗，吴钢，陈文静，王博等. 北京：大数据资产化 [M]. 北京：人民邮电出版社，2016.

[3] 朱磊. 数据资产管理及展望 [J]. 银行家，2016（11）：120-121.

数据资产登记评估等资产化获得挂牌上市的机会，例如，优势科技、数云惠普成功在北京四板市场孵化板挂牌上市。还有很多企业成功将数据资产作为一种新型资产进行抵押，实现了融资，例如，贵州东方世纪科技有限公司成功抵押其数据资产，贷款 100 万元。[1] 由此可见，当前数据资产化是大势所趋，数据的经济价值必然成为人们追逐的热点。

3.1.2 用数据说话：关于数据争议案件的统计

近年来，因为不清楚数据归谁而导致的问题数不胜数。下面，将利用大数据的技术手段来介绍由此引发的纷争。笔者利用 Alpha 案例库，检索获取了2019 年 3 月 30 日前的民事纠纷裁判文书共计 489678 篇。其中，从 2010 年到2019 年 3 月 20 日前的民事纠纷裁判文书分布如图 3-1 所示。

图 3-1 民事纠纷裁判文书分布

从图 3-1 可以看到，"数据"民事案件数量伴随文书公开，基本呈逐年增长的趋势。

---

[1] 大数据战略重点实验室. 块数据 [M]. 北京：中信出版社，2015.

从图 3-2 的案由分类情况可以看到，当前的民事案件案由分布由多至少分别包括四类：合同、无因管理、不当得利纠纷类；侵权责任纠纷；劳动争议、人事争议类；知识产权与竞争纠纷类；人格权纠纷。

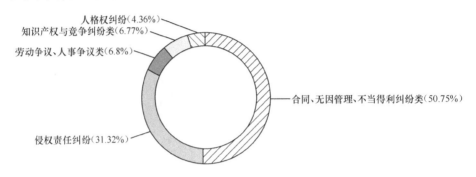

人格权纠纷(4.36%)
知识产权与竞争纠纷类(6.77%)
劳动争议、人事争议类(6.8%)
合同、无因管理、不当得利纠纷类(50.75%)
侵权责任纠纷(31.32%)

合同、无因管理、不当得利纠纷类(227151 件)

侵权责任纠纷(140220 件)

劳动争议、人事争议类(30448 件)

知识产权与竞争纠纷类(30282 件)

人格权纠纷(19534 件)

图 3-2 "数据"民事案件案由分布

继续深入分析，目前有关数据权属的争议多以知识产权不正当竞争的案由显现。下面进一步细分，将案由锁定在知识产权与竞争纠纷类，看一下案件分布。本次检索获取了 2019 年 3 月 30 日前的知识产权与竞争纠纷裁判文书共 30282 篇。其中，从 2010 年到 2019 年 3 月 20 日前的知识产权纠纷裁判文书分布如图 3-3 所示。

从图 3-3 可以看到，"知识产权与竞争类纠纷"在 2016-2017 年呈现爆炸式增长。

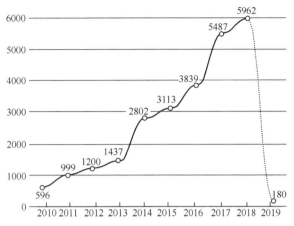

图3-3　知识产权纠纷裁判文书分布

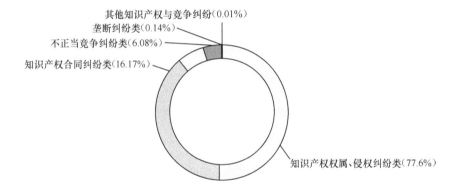

知识产权权属、侵权纠纷类（23499件）

·知识产权合同纠纷类（4898件）

不正当竞争纠纷类（1840件）

·垄断纠纷类（42件）

·其他知识产权与竞争纠纷（3件）

图3-4　"数据"知识产权与竞争纠纷案由分布

从图 3-4 的案由分类情况可以看到，当前最主要的案由是知识产权权属、侵权纠纷类，其次是知识产权合同纠纷类，然后是不正当竞争纠纷类、垄断纠纷类及其他知识产权与竞争纠纷。

宏观上，大数据很好地展示了数据纠纷以及数据权属争议正在社会生活中频繁出现，数据问题并非学者们的凭空臆想。从数据概念分析以及现阶段围绕数据利用产生的争议来看，数据归谁所有的问题是根源，必须要加以解决。

3.1.3　数据产权的三大争议：所有权、使用权、收益权

当前的数据产权争议可以归结为三大核心问题：数据归谁所有？谁可以用数据？数据收益如何分配？

（1）数据归谁所有

典型案例是新浪微博起诉脉脉抓取和使用微博用户信息案，该案也被业界称为"大数据引发不正当竞争第一案"。

脉脉作为一款社交软件，通过与新浪微博合作，能够利用用户的新浪微博发现新朋友，并帮助他们建立联系。根据二者之间签订的《开发者协议》，脉脉只能获得新浪微博用户的姓名、性别、头像、电子邮箱这些信息。然而，在合作期间，未经微博平台许可，脉脉调用了大量微博用户的教育信息、职业信息和手机号码。此外，在合作终止后，脉脉仍将其用户手机通信录里的联系人与新浪微博用户对应，并展示在脉脉用户"一度人脉"中。

新浪微博认为脉脉非法抓取了教育信息、职业信息以及手机号码等高级权限下才能调取的信息，违反了与新浪微博签订的《开发者协议》，获得了本属于

新浪微博的用户信息。[1] 本案暴露的一个问题就是数据权属问题，即新浪微博是否合法取得用户在该平台上的所有数据。

另一类数据争议以腾讯微信与华为荣耀的数据之争为代表。华为荣耀 Magic 手机从一发布便以"开启智慧生活""致未来"为口号，主打其高度的智能化。例如，用户在与朋友闲聊谈及某部电影时，手机会自动为用户推送该电影的评分、网友评论及票务信息等；当用户在晚上下班路过小区的快递柜时，手机可以产生震动或发出铃声并推送用户当天收到的快递信息，以提醒用户取件。

这是华为利用数据分析为我们展现的未来智能化生活。当人们在感慨华为荣耀 Magic 手机无比酷炫的同时，华为荣耀 Magic 手机却不得不面对腾讯的质疑。腾讯认为华为荣耀 Magic 手机在使用过程中私自扫描用户数据并自动加载相关信息的行为未经腾讯公司的许可，侵犯了微信用户的隐私。

近年来，政府作为公共事务管理机关，无时无刻不在收集社会各界的数据信息，如我们的身份证信息、指纹信息、信用信息及出行信息等。目前，中央和省级政府正在推动建立统一的政务云平台和数据共享交换平台，致力于打破"数据孤岛"，实现数据自由、有序流通。无论是政府各部门之间的数据交换共享，还是政府向社会公众释放数据信息以促进数字经济的深度发展，都无法回避数据权属问题。

公民的社保缴费记录，患者的就诊记录，企业的工商登记信息……这些数据的产权属于个人或企业，还是属于政府部门？如何做出清晰界定，将直接决定谁享有数据的权益。

大家普遍认为，政府部门收集数据是政府公共管理行为，也是非盈利性行为，

---

[1] 参见（2016）京 73 民终 588 号判决。

所以政府部门收集的数据归属于政府无可厚非。但是，对于去除个人身份属性的数据交易中的数据，到底归属于个人，还是记录数据的企业，各方莫衷一是。

（2）谁可以用数据

我们每个人无时无刻不在产生数据，也在频繁地使用数据。例如，通过微信步数统计查看最近一周的运动量，通过应用监测睡眠状况、心跳情况，使用支付宝查询最近的消费记录，这些都是我们对自己数据的使用行为。个人产生和使用数据，并不意味着只有社会公众可以使用数据，企业对这块诱人的数据"蛋糕"只能望而却步。如果真的如此，那就明显与现阶段的社会实情相背离，数字经济也将面临巨大的发展困境。

事实上，当前大规模使用数据的主体有两个：一个是政府，另一个是企业。政府通过其各个行政机关、网站采集大量的政务数据。当前政府大数据使用旨在解决政务信息化建设中"各自为政、信息孤岛"的问题，结合各地实际统筹推进政务信息系统整合共享的工作。各部门、各级政府信息系统要想实现互联互通，首先面对的就是数据规模庞大，且来源、结构复杂的问题。

大数据在企业中的应用无处不在，包括金融、汽车、餐饮、电信、能源、体育和娱乐等在内的社会各行业都已经融入了大数据的印迹。具体地说，传统行业如制造业利用工业大数据提升生产水平，包括产品故障诊断与预测、分析工艺流程、改进生产工艺，以及优化生产过程能耗和生产排期；互联网行业更是使用大数据的重点阵地，借助大数据技术，互联网企业可以分析客户行为，进行商品推荐和针对性广告投放。在金融领域，大数据可以帮助企业分析高频交易、客户及信贷风险；当企业积累的数据达到一个量级时，可能产生质变，催生出新的商业模式。以蚂蚁微贷为例，阿里巴巴利用多年的线上零售数据、支付金融数据、个人身份数据等，通过多维数据的整合、加工、计算构建信用维度，极大地提高了蚂蚁微贷发放贷款的效率。这是人工智能和大数据在金融领域的初步应用，很多金融产品机构也在进行这方面的改进。

（3）数据收益如何分配

通过使用数据产生巨额的经济收益，那么，这份巨额收益是如何进行分配的呢？是分配给数据的产生者个人，还是赋予数据的收集、加工者政府或企业呢？对这个问题的回答牵动着众多主体的利益。

从当前企业之间的争议或司法判决来看，大数据产生的这部分收益归属于数据的收集、加工者，即企业。

新浪微博诉脉脉抓取用户信息案确认了企业对其收集积累的数据享有竞争法意义上的财产权利。虽然目前我们并未针对数据的绝对财产权做出明确规定，但是法院在该案件中明确了以下原则：作为投入努力和资源进行数据收集的企业，可以享有竞争法意义上的保护，即可以将该数据作为资产进行利用、许可，并从中获益。在该案例中，法院明确了即便在技术可行的情况下（未使用破坏性的技术，或绕开权利人一方的技术保护措施），他人未经许可和授权也不得随意进行信息抓取和利用。

大众点评诉百度不正当竞争案中，司法裁判论证提出百度可以向大众点评购买信息，这个论证思路暗含的规则就是承认大众点评平台对用户点评数据的控制权，大众点评平台对其用户数据享有收益、处分的权利，他人未经许可和授权不得随意进行抓取和利用。这个观点与新浪诉脉脉案不谋而合。

可见，当前无论是判决实践还是司法态度，都偏向将数据收益分配给二次开发利用数据的收集者、创造者、实际控制者——企业。那么，作为政务数据的采集者政府以及数据的生产者个人在没有司法判决的支持下，又是否能够合法合理地享有数据收益权呢？这些问题都是数据治理的关键，需要在理论和立法上加以解决。

3.2 数据产权面临的三大困境

当前立法中，有关数据产权的内容尚处于空白，这直接导致了司法实践面对有关数据权属争议时的回避、保守态度，在数据产权的保护上显得捉襟见肘。同时，该问题在学术界也存在颇多争议，学者们对数据权属的观点众说纷纭，未能统一。

3.2.1 从零开始的立法

（1）数据产权立法匮乏

受限于立法技术和经济发展水平，包括《民法通则》《知识产权法》以及《物权法》等在内的现行法律法规均未将数据和网络虚拟财产纳入财产权利客体的范围。但随着数字技术和网络技术的快速发展，数据和网络虚拟财产的经济价值和社会价值正逐渐显现，并在全社会范围内得到了广泛的认同。在此种背景下，2017 年 3 月 15 日出台、10 月 1 日生效的《民法总则》关于民事权利的一章中第 111 条 [1]、第 127 条 [2] 采取了个人信息权与数据区分保护的方式，明确赋

---

[1] 《民法总则》第 111 条："自然人的个人信息受法律保护。任何组织和个人需要获取他人个人信息的，应当依法取得并确保信息安全，不得非法收集、使用、加工、传输他人个人信息，不得非法买卖、提供或者公开他人个人信息。"

[2] 《民法总则》第 127 条："法律对数据、网络虚拟财产的保护有规定的，依照其规定。"

予了数据和网络虚拟财产民事权利客体的地位。虽然在现阶段，本条规定只是一个引致条款而并无实际规范内容，但它具有十分重要的制度创新意义，也是我国民法典时代特性的具体体现。不过，有关数据产权的单行法仍未创建，这使数据产权保护仍然处于立法空白的尴尬境地。

（2）数据产权保护方式不明确

《民法总则》中新增数据权利的立法过程并非表面上看起来的风平浪静，我们从《民法总则》的审议过程中不难看出有关数据权利的定位争议颇多。自《民法总则草案（征求意见稿）》（2016年5月20日修改稿）起，立法者特意用单独一章来规范民事权利，其中对人民享有的各类民事权利进行罗列。值得一提的是，此稿在写至知识产权的权利客体时创造性地加入了"数据信息"一词。[1]随后，《民法总则草案》一审稿对数据信息的规定延续了征求意见稿的做法，继续将其纳入知识产权客体的范畴。同时，立法者在该稿中首次加入了对网络虚拟财产的规定，并选择将其与物权客体的规定置于同一条款中。在一审稿公开征求意见后，大家争论的焦点主要针对数据信息是否具有创新性。有学者指出数据是信息的载体，智力成果的凸显是信息而非其载体，因此不具有创新价值的数据不应被知识产权理论吸纳，这有违知识产权保护人类智慧成果的初衷。在吸取上述学者的立法建议后，立法者在《民法总则草案》二审稿中将数据信息从知识产权客体项下删去，同时将网络虚拟财产移出物权客体的条款，两者合并单

---

[1] 《民法总则草案（征求意见稿）》（2016年5月20日修改稿）："第一百零三条民事主体依法享有知识产权。知识产权是指权利人依法就下列客体所享有的权利：一、作品；二、专利；三、商标；四、地理标记；五、商业秘密；六、集成电路布图设计；七、植物新品种；八、发现；九、数据信息；十、法律、行政法规规定的其他内容。"

设一条加以规制。[1]

分析《民法总则》的制定过程，笔者认为，我国《民法总则》的出台为数据权利确立了区分保护的立法方向。通过对《民法总则》进行体系解释，数据信息位于民事权利一章，该章整体上均是在对民事权利进行规范。从这个角度看，《民法总则》创新地明确了数据权利作为民事权利的保护方式。但此种立法方式却选择性地搁置了数据确权的争议，造成了立法空白。同时，从这种单独列示加引致的立法技术可以看出，当前立法上对数据产权的态度并不明确。

3.2.2　捉襟见肘的司法实践

在梳理数据诉讼案件时，笔者发现当前司法实践中处理这些纠纷，主要是通过《合同法》《反不正当竞争法》两种途径。但是，现有的解决方式并不能使数据财产得到充分、合理、有效的法律保护。

司法实践中，数据纠纷往往是通过《合同法》救济的，但救济需要一个前提，即合同已订立。然而，在现实纠纷中，这种前提往往达不到，因为现实的数据侵害常来自第三人。因合同的相对性，即使存在合同约定也无法约束合同之外的第三人。《合同法》针对这种状况束手无策，使部分企业在面临此类数据纠纷时显得束手束脚，可选择的途径无非是协商解决，严重点的就投诉至主管部门。这样的处理困境使很多企业被迫自救，通过提高网络技术水平和相关的管理经验来减少损失。虽然这从一定程度上提高了企业的风险意识，但同时也给企业带来了高昂的成本，一旦处理不好便容易让企业的数据开发和应用陷入法律纠纷。华为和腾讯的用户数据之争、顺丰和菜鸟的数据事件就是这样的案例。

---

[1]　陈甦主编. 民法总则评注（下册）[M]. 北京：法律出版社，2017.

在部分纠纷中，当事人和法院在现有法律体系中寻求解决方案，使数据纠纷进入司法视角。对于数据特别是衍生数据的归属问题，当前司法实践往往采取扩充适用《反不正当竞争法》第2条的一般性条款，将非法侵入、使用企业数据等行为概括认定为抽象的不正当竞争行为，以此来对数据控制企业进行救济。例如，新浪微博起诉脉脉抓取使用微博用户信息案，大众点评诉百度不正当竞争案，等等。

对于企业对其所掌握的数据拥有何种权利这个问题，法院判决中没有明确的回答。例如，北京阳光数据公司诉上海霸才数据信息有限公司技术合同纠纷案[1]，以及上海钢联电子商务有限公司诉上海纵横今日钢铁电子商务有限公司案[2]，法院判决均是承认企业对其拥有和控制的衍生数据存在人力、物力、财力的投入，从而支持数据控制企业禁止他人复制、转载其数据的诉讼请求。这种做法只能被认为是变相承认企业对其通过加工、分析等行为形成的衍生数据享有一种新的排他性的财产权。综上所述，虽然这些案件可以用反不正当竞争的名义进行判决，对数据财产也起到了一定的保护作用，但由于一般性条款并不具备完全有效的针对性，且判决中变相承认企业对其衍生数据享有排他性的财产权这种保护逻辑也没有获得立法上的确认，因此不足以给予数据控制企业充分、有效的保护。

（1）一般性条款保护方式本身饱受质疑

首先，一般性的兜底条款是化解立法者建构体系完备、逻辑严密的法律规则的愿景与世间万物纷繁复杂无法概全的矛盾的工具，是立法上的次优选择。

---

[1] 参见北京市高级人民法院（1997）高知终第66号民事判决。

[2] 参见上海市第二中级人民法院（2012）沪二中民五（知）初字第130号。

一旦相关事实频繁出现或时机成熟，立法者就会将现有的裁判逻辑类型化写入法律。

其次，司法的正当性和稳定性是一国法制体系的保障，而一般性条款的保护方式损害了司法判决的可预期性。因为立法中一般性条款的目的往往在于兜底而没有具体的构成要件及损害后果，所以依靠法官的自由裁量、通过法官造法将规范明确。因此，单从法律的稳定性、法律实施的可预期性而言，一般性条款的普遍使用就并不恰当。

（2）一般性条款在数据财产保护上的劣势

一般性条款所表征的行为规制模式并未真正回应《民法总则》第127条，避免对用户数据做出明确的法律定位。一般性条款对数据财产法益所需求的排除他人支配性，通过间接保护区别于赋予数据产权这种实体权利的直接保护方式。[1]一般性条款的数据保护方式并不能对数据控制者提供类似于所有权的保护效果：第一，不具有绝对性，数据控制者不能向其以外的一切人主张，只能选择与其有竞争关系的对手主张；第二，救济方式的限制，即企业经营者只能主张救济性权利，而不能主张积极性权利进行转让、许可或设定担保；[2]第三，一般性条款以满足侵权构成要件为前提，但企业经营者的需求是绝对请求权，即不考虑实际损失和侵害人过错。[3]因此，数据控制者必须证明其实际受到损失与对方行为具有可责性，这无疑增加了维权的难度。一味地模糊化法律定纷止争

---

[1] 杨志敏. 论知识产权法的目的及其实现途径 [J]. 电子知识产权，2009（7）：17-20.

[2] 王洪亮. 物上请求权的功能与理论基础 [M]. 北京：北京大学出版社，2011.

[3] 许可. 数据保护的三重进路——评新浪微博诉脉脉不正当竞争案 [J]. 上海大学学报（社会科学版），2017，34（6）：15-27.

的功能性，也许在产业发展的前期能起到一定的反垄断作用，但这并非长久之计，我们在明确数据产业发展需求与前景后应当谋求建立一种实体权利保障。

3.2.3 学术界的众说纷纭

在数据财产法益如何上升为权利的讨论中，很多学者主张数据财产利益可以通过既有的法律体系来完成保护，数据财产与其他财产无本质区别，但在数据财产归属于何种财产权上存在较多分歧。目前主要存在以下四种归属方式。[1]

所有权保护说

顾名思义，所有权保护说认为数据财产利益属于既有的所有权保护项下。该观点认为数据控制者对数据享有的占有、使用、收益和处分的所有权，大数据交易的前提是数据控制者的数据所有权。在数字经济下，大数据所掩藏的经济价值以及通过数据挖掘分析所提升的分析技术是数据交易的根本价值所在，也是数据财产保护的根源。

所有权保护说的实践依据是贵州大数据交易所确立的9项交易原则，原则明确将数据财产的归属直接以"数据所有权"一词指代。另外，《贵阳大数据交易所702公约》在有关交易类型的描述中提及，大数据交易不涉及原始数据中携带的个人隐私等信息，其交易对象是经过数据清洗、分析后的衍生数据，因此不存在用户人格利益受损的问题。《贵阳大数据观山湖公约》更是将数据所有权单列一章，指出"数据确权主要是确定数据的权利人，即谁拥有数据的所有权、占有权、使用权、收益权"。

---

[1] 陈筱贞. 大数据权属的类型化分析——大数据产业的逻辑起点 [J]. 法制与经济，2016（03）：44-46+49.

所有权保护说的理论依据是数据具有财产属性，有学者认为所有权可以财产权利作为客体。虽然我国学理上认为《物权法》的客体特指有体物，项下分为动产与不动产，但这并不意味着权利不能作为物权的客体。例如，有学者认为知识产权的客体就是权利，这是对权利可作为物权客体的有力论证。[1]

在具体适用层面，该观点认为，数据的所有权应当基于不同情况进行界定。第一种情况是大家普遍关心的个人数据的交易问题。依据现行法律规定，我国出售公民个人信息的行为是被禁止的。关于此类问题，《全国人大常委会关于加强网络信息保护的决定》中有具体规定[2]，并且《刑法修正案（七）》中增加了出售、非法提供公民个人信息罪的罪名，以此来保障公民个人信息不受侵犯。但是从现在数据交易的趋势来看，个人信息的交易合法化也存在可能性。个人数据属于用户本人，企业仅可获得数据的使用权。因此，用户对数据享有类似于所有权的权能，即占有、使用、收益、处分的权能。第二类情况是在针对个人数据进行匿名化处理后的衍生数据的所有权应该归属于企业，但是需经过用户的知情同意，这是一种限制性所有权。

笔者认为通过所有权来保护数据利益并不可行。论其原因，笔者将从理论与实践两个角度进行阐述。首先，理论上，物权法中物权的标的物原则上限于特定物、独立物和有体物[3]；数据显然不具备独立性，数据的存在依赖计算机介质进行存储、计算、显示等，无法独立进行利用。而且，根据《中华人民共和

[1] 王融. 关于大数据交易核心法律问题——数据所有权的探讨 [J]. 大数据，2015，1（2）：49-55.

[2] 《全国人大常委会关于加强网络信息保护的决定》规定："任何组织和个人不得窃取或者以其他非法方式获取公民个人电子信息，不得出售或者非法向他人提供公民个人电子信息。"

[3] 梁慧星，陈华彬. 物权法（第 6 版）[M]. 北京：法律出版社，2010.

国物权法》第 2 条 [1] 关于物权客体的立法规定，大数据并非动产，更不是不动产，现有法律规定中也未明确将数据权利作为物权客体。另外，由于数据的可复制性，很难遵循物权法"一物一权主义"与排他性效力，故通过所有权保护数据利益与现有物权理论冲突。其次，实践上，仅根据《贵阳大数据交易所 702 公约》以及《贵阳大数据观山湖公约》中的表述，不能认定数据财产的法律属性，原因在于贵阳大数据交易所并非立法机构，其对交易规则的描述不具有法学意义。而且在通俗语言环境下，人们口中的所有权并不特指法学意义上的所有权，仅代表数据权属。这是通俗语言体系的惯性运用，不具有法学意义。因此，笔者认为所有权保护说不可取。[2]

知识产权保护说

有学者提出了知识产权保护说，认为衍生数据的性质属于智力成果。其理由有三：第一，衍生数据是对原生数据的加工、计算、集合，这个过程包含了智力创造；第二，衍生数据属于非物质化的知识形态的劳动产品，属于智力成果；第三，衍生数据不具有公开性，即取得权利前不能予以公布周知。另外，针对数据与传统知识产权的明显不同，该观点主张在知识产权保护项下建立数据专有权，不需具备创造性，即可获得权利保护。[3] 在实践上，贵阳大数据交易所官网上有关大数据交易区块链技术的介绍中提及应用区块链技术后由于编号不变，避免购买方重新上架销售，达到了卖方保护知识产权的目的。除此之外，

---

[1] 《中华人民共和国物权法》第 2 条规定："因物的归属和利用而产生的民事关系，适用本法。本法所称物，包括不动产和动产。法律规定权利作为物权客体的，依照其规定。"

[2] 蒋婷，盛海刚，万晓榆. 大数据所有权归属问题的解决之道 [J]. 通信企业管理，2017（05）：70-72.

[3] 杨立新. 衍生数据是数据专有权的客体 [N]. 中国社会科学报，2016-07-13（005）.

值得一提的是我国《民法总则草案（征求意见稿）》在列举知识产权的权利客体时新增了"数据信息"一项，但由于争议颇多，最后将数据信息单独规定。

虽然知识产权保护说看到了数据的非物质性、可复制性与知识产权的无形性、专有性、可复制性契合，但是笔者认为，该观点有其致命的缺陷，即企业对数据的加工和利用达不到知识产权的创造性标准。知识产权的形成并不是表彰权利主体人力、物力、财力的投入，也不是以权利的形式彰显对某种信息的占有，而是意在强调知识产权产生所代表的智力成果[1]，并且立法对这种智力成果还提出了较高的标准——要具有创造性。因此，知识产权保护的对象限于已形成的完整的智力成果，而不是构成智力成果的元素——信息。换句话说，知识产权保护抽象的创造性整体，不保护其组成因子。[2]而且，针对上述"衍生数据属于非物质化的知识形态的劳动产品，属于智力成果"的论证存在缺陷，因为非物质性与劳动产品的组合不一定得出智力成果的结论。也就是说，非物质性、劳动产品是智力成果的必要不充分条件。再者，该观点主张在知识产权项下设置数据专有权以取消创造性的门槛，来弥补其数据专有权自身创造性的不足。如果单设数据专有权，使其与知识产权并列，该做法无可厚非，还把握住了数据的本质。但是，如果将其列入知识产权的框架下，就无异于掩耳盗铃，将使知识产权构架体系崩塌。

债权保护说

有学者提出了债权保护说，他们认为：

（1）数据不是民事权利的客体，因为其不具备独立性、特定性，也不符合无形物的定义；

[1] 吴汉东. 知识产权法概论 [M]. 北京：北京大学出版社，2014.
[2] 何敏. 知识产权客体新论 [J]. 中国法学，2014（06）：121-137.

（2）数据自身无价值，不能交易，因为目前数据所体现的经济价值本质上是信息的价值，并且其想进行资产化还需借助数据安全的技术举措；

（3）大数据交易应定性为数据服务合同；

（4）数据权利化难以实现，因为数据主体具有的不确定性、外部性，以及缺乏垄断性。[1]

基于此，笔者认为较物权保护说、知识产权保护说，债权保护说更加保守。总体来看，债权保护说不利于大数据时代经济发展的要求，并且存在一定的局限性，具体原因如下。

（1）承认数据信息是民事权利的客体具有积极意义。首先，民法的调整对象是平等主体之间的人身关系、财产关系。所谓财产关系是指人们在生产、分配、交换和消费过程中形成的具有经济内容的关系。而数据利益正是在数据产业链条生产过程中形成的具有经济内容的社会关系，大数据交易更是其经济价值的集中体现。因此，数据纵有非独立性、复制性等特征，也不能抹杀其财产属性。数据财产与当前民法不相适应的地方应该通过立法完善进行修正，而不是强行睡在普罗克拉斯提斯之床上。[2] 对此，《民法总则》的编纂就很好地回应了大数据时代的需求。[3]

（2）数据具有独立的经济价值，而且数据比信息更具有赋权的可能性。数据在横纵关系化过程中体现其自身价值。数据是信息的基础，相较于信息，数据

---

[1] 张素华，李雅男. 数据保护的路径选择 [J]. 学术界. 2018-07-15.

[2] 指每一种理论都成了一张普罗克拉斯提斯的铁床，在这张床上，经验事实被削足适履地塞进某一事先想好的模式之中。

[3] 《民法总则》第 127 条："法律对数据、网络虚拟财产的保护有规定的，依照其规定。"

体现为代码，未经过可视化展示的信息则如同镜中花、水中月，只可意会，不可言传。纵然价值的表象是信息，但本质还是数据，因而数据的赋权更具可能性。

（3）任何事物都具有正反两面，不能只因为数据存在外部性就固步自封，更何况外部性还有正外部性与负外部性之分。因此，笔者认为债权保护说不可取。

新型数据产权保护说

在当前财产权理论不足以周延保护大数据时代数据财产利益的情况下，不少学者提出了新的解决方案，即构建新型数据产权来弥补理论上的不足。

新型数据产权理论指出，数据权应包括个人数据权和数据产权。个人数据权是一种新的人格权类型，特指自然人依法对其个人数据进行控制和支配并排除他人干涉的权利。

数据产权是保护数据权利人对数据财产直接控制和支配的权利，其同物权中的所有权类似，都是强调对物的占有。因此，数据产权也应遵循所有权的权能，表现为占有、使用、收益、处分四项，以此来实现四种效力表现。其一是实现排他效力。也就是说，在同一个数据财产中不应有两个或两个以上内容相同的财产权。其二是实现数据产权优先于债权的优先效力，以突显对数据的占有控制。其三是实现数据产权的追及效力。形象地说，这种效力像一个定位跟踪器，当追踪到该数据财产现在的占有人时，数据产权人得以请求其返还占有，无论该数据财产是否几经易手。其四是实现对数据财产的救济功能，即请求权效力，也就是在数据产权人的数据财产遭到侵害时，权利人有权向侵权人请求排除妨害、恢复原状等主张。[1]

---

[1] 齐爱民，盘佳. 数据权、数据主权的确立与大数据保护的基本原则 [J]. 苏州大学学报（哲学社会科学版），2015（1）：64-70.

第4章

数据滥用和安全事件频发：
大数据发展的另一面

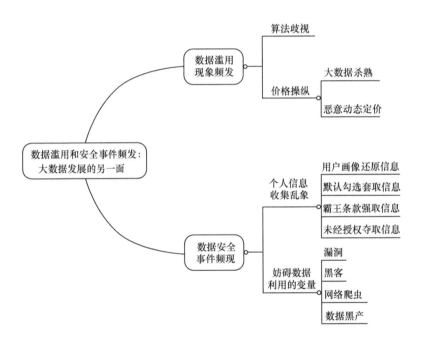

大数据时代，数据给人类生产、生活等各方面带来巨大便利的同时，也诱发了很多问题。数据滥用层面，最典型的表现是价格操纵问题，商家利用算法的不透明性及局限性开展"千人千价""动态定价""大数据杀熟"等，以不正当方式赚取巨额利润。数据安全层面，个人信息收集乱象丛生，商家利用用户画像技术深度挖掘个人信息，诸多移动互联网应用利用隐私条款的默认勾选、霸王条款获取用户信息，甚至未经授权夺取用户信息。另外，不法分子利用信息系统漏洞和黑客技术盗取个人信息，造成个人信息泄露严重。泄露数据被放在黑市中销售，导致"撞库"攻击频发，进一步加剧了个人信息泄露现象，数据黑产已发展成一条成熟的产业链。这些数据滥用和数据安全问题将成为影响数据价值释放的"绊脚石"。

4.1 并非十全十美，算法也有局限性

4.1.1 认同、偏见与从众

大数据时代，网络上的内容呈现出爆炸式的增长趋势，如何从纷繁复杂的网络内容中挑选出自己需要的信息，成为诸多互联网用户的烦恼。起初，搜索引擎的出现缓解了这种问题。但是，搜索引擎往往需要用户知道自己想要获取哪方面的内容，才能通过搜索寻找目标。例如，电影爱好者需要知道自己喜欢哪种类型的电影才能进一步搜索，但问题在于很多时候我们对自己的喜好也不甚了解。此时，数据挖掘算法应运而生。相关算法通过用户的历史数据推送符合用户偏好的内容，并已广泛应用在微博、豆瓣、今日头条等社交和咨询类应用中。数据挖掘算法就像是"通人性"的机器，接收人类已有的数据进行学习，推理和产出内容也是按照人类的思考方式开展，因此输出内容也带有人类的价值观与偏好。

既然数据挖掘算法"通人性"，那么算法很可能也存在人性中认识局限的成份。所以，我们很有必要先从社会心理学的角度，看看人类社会中存在的认同、偏见和从众等认识局限现象。

认同是指个体对比自己地位或成就高的人的肯定，以消除个体在现实生活中因无法获得成功或满足时产生的挫折和焦虑。认同可借由心理上分享他人的成功，为个人带来不易得到的满足感或增强个人的自信。例如，"狐假虎威""东施效颦"都是认同的例子。认同有时也可能是认同一个组织。例如，一个自幼失学的人加入某学术研究团体，成为该团体的荣誉会员，并且不断向人炫耀他在该团体中的重要性。

偏见是对某一个人或团体所持有的一种不公平、不合理的消极否定的态度，是人们脱离客观事实而建立起来的对人和事物的消极认识。大多数情况下，偏见是根据某些社会群体的成员身份而对其成员形成的一种态度，并且往往是不正确的否定或怀有敌意的态度。例如，人容易根据性别、肤色、宗教信仰等对其他人或团体产生偏见和歧视。

从众是指个人的观念与行为由于群体的引导和压力，不知不觉或不由自主地与多数人保持一致的社会心理现象。通常情况下，多数人的意见往往是对的，服从多数一般不会错，但这会导致个人缺乏分析，不做独立思考，不管是非曲直地一概服从多数，产生一种消极的盲目从众心理。法国社会心理学家古斯塔夫·勒庞的著作《乌合之众：大众心理研究》就是一本研究大众心理学的作品。勒庞在书中阐述了群体以及群体心理的特征，指出当个人是一个孤立的个体时，他有着自己鲜明的个性化特征；但当这个人融入了群体后，他的所有个性都会被这个群体淹没，他的思想立刻就会被群体的思想取代。

4.1.2 算法局限：只让你看到认同的内容

目前，算法有一个很明显的特点，也是一个局限性，就是只让人们看到认同的内容。以常用的个性化推荐算法为例，个性化推荐算法发挥作用需要两方面的基础，一方面是算法训练数据，另一方面是算法模型设计。从算法训练数据来看，往往需要采集诸多用户的个人偏好数据。例如，对电影、手机、新闻的喜好。从算法模型设计来看，该算法的原理在于根据用户的个人偏好数据寻找兴趣类似的用户，进而做出推荐。以推荐电影为例，通过对比个人偏好数据，可能会发现张三和李四喜欢看同样的几部电影，而且都不喜欢看同样的另外几部电影。由此可以判断，两个用户在电影方面的喜好极为类似。于是，将张三喜欢但李四还未看过的电影推荐给李四，也就实现了个性化推荐。这种推荐算法是基于对用户的协同过滤，如图 4-1 所示。它运用了日常生活中"物以类聚，人以群分"的特性，不需要判断目标用户的喜好，重点在于发现目标用户认同的用户群体，然后在喜好类似的群体内部互相开展推荐活动。该算法在学术界和企业界得到了广泛的认可，基于此而加以改进的各类算法层出不穷。

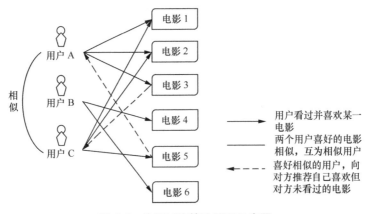

图 4-1　协同过滤算法原理示意图

但是，如果这类个性化推荐持续开展，算法就可能陷入一个怪圈——只让你看到认同的内容。例如，一款为用户推送资讯的 App，每天会为用户推送符合其喜好或被其认同的资讯。用户高度关注体育新闻，则最终 App 推送的新闻会越来越聚焦于体育资讯，无形中会减少用户对社会民生、国家大事等内容的关注。这也就是为什么人们有时候打开社交和资讯类 App 发现推送的基本都是某一类内容的原因。

从这个意义上讲，尽管个性化推荐算法设计的本意在于帮助用户发掘信息，但同时也会限制用户的眼界和思维，使用户固步自封在自我认同的圈子里。这与人类固有的认同、偏见和从众心理状态及社会属性有关。由于人类的认知有先天的局限性，根据人类思维创造的算法也不可避免地存在局限性。这个问题正逐步被计算机学者和工程师认识，他们为算法的评判增加了多样性指标、新颖性指标和覆盖率指标，即算法的推荐结果不能仅仅集中于某一类内容。不过，目前学术界更看重准确性指标，而企业界在利益驱使下缺乏优化多样性指标、新颖性指标和覆盖率指标的动力。各项指标的简介如表4-1所示。

表4-1　个性化推荐算法评价指标简介

指标类别	指标含义	可解决的问题
准确性指标	评价推荐结果的准确性，包括平均绝对误差、标准平均绝对误差及召回率等指标	应用该指标能够帮助算法设计者解决"推荐商品、内容、项目是否为用户所喜好"的问题
覆盖率指标	评价算法能够向用户推荐的商品、内容、项目，覆盖全部商品、内容、项目的比例	应用该指标能够帮助算法设计者解决"推荐的商品、内容、项目是否为用户所满意"的问题，解决推荐的结果过于热门、单一、重复等降低用户满意度和体验的问题
多样性指标	体现在两个层次：一是用户间多样性，评价算法对不同用户推荐不同商品、内容、项目的能力；另一个是用户内多样性，评价算法对一个用户推荐商品、内容、项目的多样性	
新颖性指标	评价推荐流行度低或冷门商品、内容、项目的能力	

有人可能会问，即便如此，这又能对个人和社会产生多大的影响呢？这个影响可不小！因为个性化推荐算法并不仅仅在资讯类App中运用，有些以内容创作为主的行业也正在运用这种算法。网飞（Nexflix）公司创立于1997年，最初主要经营DVD租赁业务。1998年3月，公司上线了全球第一家线上DVD租

赁商店，拥有 925 部电影，几乎是当时所有的 DVD 电影存量。1999 年，公司推出了按月订阅的模式，迅速在行业里建立起口碑。随后，由于 DVD 机的价格日益便宜，成为普通百姓都能消费得起的产品，其用户量也得到巨幅增长。2005 年，公司开始提供在线视频流媒体服务，后来又推出了 Netflix Prize 算法大赛，出资 100 万美元奖励开发者为他们的优化电影推荐算法。2012 年底，网飞公司已在全球拥有 2940 万订阅用户。当年，网飞公司开始尝试自制内容，并于 2013 年推出《纸牌屋》。超高的内容质量和一次放出整季内容的发行方式让它瞬间风靡全球。如今，网飞公司的市值已超越迪士尼，在全球互联网企业中排名前十位。

回顾网飞公司 20 多年来的快速发展史，个性化推荐起到了举足轻重的作用。以《纸牌屋》为例，网飞公司曾经专门记录过观众在观剧时的相关操作，包括在哪个场景暂停、在什么剧情快进及反复看了哪几分钟等，由此判断剧迷们喜欢的演员、喜闻乐见的情节和对剧情走势的期待，并根据这一系列"情报"指导《纸牌屋》后续剧情的拍摄、演员的选取和台词的撰写。可以说，《纸牌屋》获得的巨大成功正是基于个性化算法推荐和大数据的应用。网飞公司的推荐算法到底有多厉害？根据网飞公司产品创新副总裁卡洛斯·尤瑞贝·戈麦斯（Carlos Uribe-Gomez）和首席产品官尼尔·亨特（Neil Hunt）的一份报告，算法能够为网飞公司每年节省 10 亿美元。不过，我们也应该看到一个结果，那就是这种完全投观众所好的算法让人们只看到自己喜好或认同的东西，因而会进一步加剧人们认知中的局限性。

4.1.3 算法歧视：公平性缺失愈发严重

随着数据挖掘算法的广泛应用，还出现了另一个突出的问题，即算法输出可能具有不公正性，甚至歧视性。2018年，IG夺冠的喜讯让互联网沸腾。IG战队老板随即在微博抽奖，随机抽取113位用户，给每人发放1万元现金作为奖励。可是抽奖结果令人惊奇，获奖名单包含112名女性获奖者和1名男性获奖者，女性获奖者数量是男性的112倍。然而，官方数据显示，在本次抽奖中，所有参与用户的男女比率是1:1.2，性别比并不存在悬殊差异。于是，不少网友开始质疑微博的抽奖算法，甚至有用户主动测试抽奖算法，设置获奖人数大于参与人数，发现依然有大量用户无法获奖。这些无法获奖的用户很有可能已经被抽奖算法判断为"机器人"，在未来的任何抽奖活动中都可能没有中奖机会，因而引起网友们纷纷测算自己是否为"垃圾用户"。"微博算法事件"一时闹得满城风雨。

其实，这并非人们第一次质疑算法背后的公正性。近几年，众多科技公司的算法都被检测出带有歧视性：在谷歌搜索中，男性会比女性有更多的机会看到高薪招聘消息；微软公司的人工智能聊天机器人Tay出乎意料地被"教"成了一个集性别歧视、种族歧视等于一身的"不良少女"……这些事件都曾引发人们的广泛关注。即使算法设计者的本意是希望为用户推荐有用信息、对图片进行机器识别、使聊天机器人能够源源不断地学习人类对话的方式，但往往是在算法决策的"黑匣子"面前，人们无法了解算法的决策过程，只能了解最终结果。

为什么大数据算法会出现歧视呢？计算机领域有个缩写词语——GIGO（Garbage in，Garbage Out），大意是"输入的如果是垃圾数据，那么输出的也将会是垃圾数据"。在大数据领域也有类似的说法，《自然》杂志曾用BIBO（Bias In，Bias Out，即"偏见进，偏见出"）表示数据的质量与算法结果准确程度的强关联性。在选择使用什么样的数据时，人们往往容易存在歧视心态，这会直接影响输出的结果。例如，在导航系统最快的路线选择中，系统设计者只考虑到关于道路的信息，而不包含公共交通时刻表或自行车路线，从而使没有车辆的人处于不利状况。另外，可能在收集数据时就缺乏技术严密性和全面性，存在误报、漏报等现象，也会影响结果的精准性。因此，基于数据和算法推断出来的结果会使有些人获得意想不到的优势，而另一些人则处于不公平的劣势——这是一种人们难以接受的不公平。

除了造成不公平性，算法歧视还会不断剥削消费者的个人财富。《经济学家》杂志显示，2014年在排名前100的最受欢迎的网站中，超过1300家企业在追踪消费者。利用算法技术，企业利润获得大幅增加。但是，羊毛出在羊身上，这些利润实际均来自消费者。尤其是随着算法在自动驾驶、犯罪风险评估、疾病预测等领域中越来越广泛和深入的应用，算法歧视甚至会对个体生命构成潜在的威胁。

在国外，算法歧视也备受关注。2014年，美国白宫发布的大数据研究报告就提到算法歧视问题，认为算法歧视可能是无意的，也可能是对弱势群体的蓄意剥削。2016年，美国白宫专门发布《大数据报告：算法系统、机会和公民权利》，重点考察了在信贷、就业、教育和刑事司法领域存在的算法歧视问题，提醒人们要在立法、技术和伦理方面予以补救。对于算法歧视问题，企业界和学术界正在尝试技术和制度层面的解决方案。技术层面，例如，微软程序员亚当·卡莱（Adam Kalai）与波士顿大学的科学家合作研究一种名为"词向量"的技术，目的是分解算法中存在的性别歧视。除了技术层面，制度和规则也至关重要。在人类社会中，人们可以通过诉讼、审查等程序来修正许多不公平的行为和事件。对于算法而言，类似的规则同样必不可少。事后对算法进行审查不是一件容易的事，最好的办法是提前构建相关制度和规则，这应该成为未来社会各界共同努力的方向。

 ## 4.2　价格操纵：数据成为"帮凶"

4.2.1　大数据杀熟

大数据杀熟就是针对特定用户进行个性化定价，以便让平台和商家利益最大化，说得直白点就是老客户看到的价格比新客户看到的价格要贵出许多。其最直接的方式是根据用户身份、浏览习惯、所用设备、消费历史等画像消息进行个性化定价。例如，视频平台的会员服务针对苹果和安卓设备来差异化定价；电商平台发现用户购买高端商品越多，就可能给用户定高价、少折扣。大数据杀熟本质上属于一种价格操纵行为。抛开大数据因素，价格操纵在线下实体销售中也时有发生。例如，一听可乐在普通超市卖2元，但在五星级酒店会卖到30元；美容店会不断给有钱的老顾客加载各种偏离实际价值的高价产品和服务，等等。

一般而言，价格操纵的发生需要满足三个条件。一是掌握消费者的支付能力和意愿，一般住得起五星级酒店的客户是能够支付得起30元一听的可乐的。二是产品或服务具有垄断市场的能力。如果市场中卖可乐的厂商只有一家，那么客户想喝可乐就不得不接受可乐厂商的定价，此时可乐厂商也就具备了操纵价格的能力。三是产品或服务缺少可替代的选择。如果客户除了可乐还能选择雪碧、奶茶和啤酒等饮品，那么可乐厂商操纵价格的能力就会被削弱。

大数据时代，这三个条件发展得更加成熟。首先，数据成本方面，得益于个人数据收集渠道的越发广泛和用户画像分析技术的不断发展，企业越来越容易判断用户的支付能力、意愿和喜好；其次，互联网行业的数据垄断和资本垄断等现象不断加重，使行业马太效应的作用明显，出现了一系列超大型互联网公司或细分领域的行业寡头，逐渐形成垄断局面，具备了操纵价格的能力；最后，互联网行业注重用户粘性，借助对用户的锁定效应[1]，减弱了用户更换消费平台的意愿，变相减少了产品或服务的可替代选择。除此之外，互联网行业产品或服务的价格具有不透明的特点。在线下商店，两位消费者同时到店购买产品或服务，如果商家有操纵价格的行为，两位消费者很容易相互知晓。但是在线上消费时，消费者背靠背地获取价格信息，即使平台针对同一产品给两方的定价不同，彼此也很难知道。因此，大数据杀熟的现象在国内外都时有发生。在国外，亚马逊就曾卷入大数据杀熟风波。当时，公司根据潜在客户的人口统计资料、在亚马逊平台的购物历史、上网习惯等信息展开了一项差别定价实验。基于此策略，不同的用户购买同一款产品的价格也有所不同。然而，在短短一个月后，有用户无意之间删除浏览器 Cookies 时发现之前浏览过的一款 DVD 售价从 26.24 美元变成了 22.74 美元，大数据杀熟事件由此才得以曝光。最终在巨大的舆论压力之下，亚马逊 CEO 贝索斯亲自出来向公众道歉，并解释说明这只是向不同顾客展示的差别定价实验，只是测试阶段，保证和客户数据没有关系，随后就停止了这项实验。在国内，2018 年是大数据杀熟事件的高发年，打车平台、

---

[1] 锁定效应是指用户在某一企业的应用上积累了大量数据，但相关数据不易迁移到其他应用上，导致用户被锁定在相关应用上。一般而言，如果企业或应用具有强大的市场力量，则该锁定效应会比较明显。减弱锁定效应的方法是采取一些政策措施保证部分数据容易迁移。

电影订票平台、出行购票和旅店预订等平台频频爆出大数据杀熟的现象。归根结底，还是因为商家积累了太多用户数据，变得比用户还了解自身的消费习惯和消费能力。在这样的背景下，数据成了价格操纵的最大"帮凶"。

对此，我们不禁要问，大数据杀熟是否犯法？对我国现行法律进行梳理可以发现，大数据杀熟行为至少明显违反了三部法律的相关规定，分别是《价格法》第 14 条和第 41 条、《消费者权益保护法》第 29 条、《反垄断法》第 17 条和第 47 条。根据这些规定，消费者在遇到大数据杀熟行为时最高可以获得 3 倍赔偿；如果互联网平台构成"滥用市场支配地位"，将被处以最高为上一年度销售额 10% 的罚款。不过，消费者维权并非易事。因为数据控制在平台手中，消费者很难提供足够的证据证明"杀熟"行为的存在，所以人们看到的结果往往是大数据杀熟事件曝光后，平台出面致歉，并以各种理由息事宁人，最终逃脱法律责任。因此，面对日益强大的互联网平台及数据采集与分析技术，消费者权益不能仅靠个人争取，更多需要依赖立法的进步与政府主管部门的主动介入监管。

4.2.2 趁火打劫的动态定价

动态定价是根据产品或服务的供需关系对价格进行动态调整以使企业利润最大化的过程，是很多行业常用的运营手段。对于机票销售等产品库存固定的行业，动态定价由来已久，并不是一个新概念。但是，融合大数据采集技术、挖掘算法和人工智能技术后，动态定价的作用则开始变得"惊艳"。

价格调研机构 Profitero 的研究显示，亚马逊每天对产品价格的调整次数累计超过 250 万次，此举使亚马逊的利润提高了 25%。相对于沃尔玛等传统零售

业的动态定价行为，首先，亚马逊的动态定价更频繁，这得益于电子商务环境下价格调整引起的"调价成本"较低。"调价成本"源于商家需要对客户解释调价的原因，客户也需要一定的时间接受产品已经调价的事实。因此，线下商家不会频繁调整产品或服务的价格。其次，亚马逊更易获取用户需求，快速捕捉产品或服务的供需变化，这源自于亚马逊能够采集到大量的用户搜索和偏好信息。最后，亚马逊能够基于大量数据开展多产品的联动调价，通过分析用户经常一同下单的书籍和电子产品组合，对产品组合联合降价开展多产品促销，或对竞争类产品联合调价。例如，对某款手机进行降价的同时抬高类似价位手机的价格，利用价格差调整多款手机的消费需求。

2012 年 12 月—2013 年 12 月，亚马逊及沃尔玛调整平台产品价格的次数分别如图 4-2、图 4-3 所示（数据来源：Profitero）。

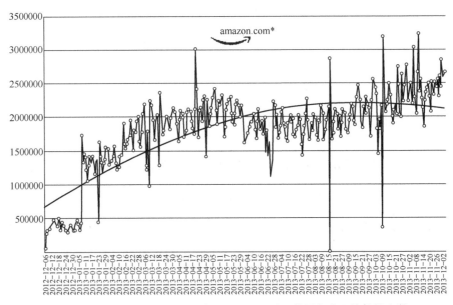

图 4-2　2012 年 12 月—2013 年 12 月亚马逊调整平台产品价格的次数

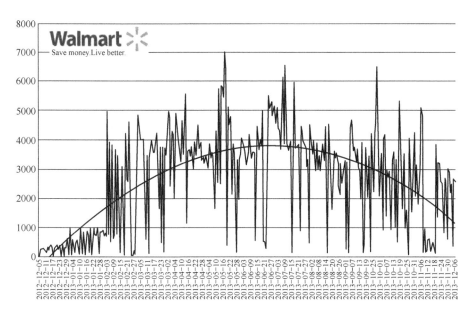

图 4-3 2012 年 12 月—2013 年 12 月沃尔玛调整平台产品价格的次数

在共享经济领域，基于大数据的动态定价还有着促进资源合理分配的积极意义。例如，Uber 在运营共享汽车的过程中发现，高峰期和异常天气下往往会出现司机少、乘客多、打车难的问题。因此，Uber 制定了两套解决方案。第一套解决方案是对司机进行补贴，并对高峰期和异常天气下不运营的司机进行惩罚。但是，此举带来了高额的补贴成本，引起了司机的强烈反对。第二套解决方案是动态定价，首先利用历史数据分析高峰时段和高峰地段，并设计算法在高峰时段、高峰地段和异常天气出现时提高打车费用，以此激励更多的司机提供服务。高峰时段的高定价也让部分乘客调整了出行时间，进一步降低了高峰时间的用车需求。Uber 公司的动态定价缓解了供需矛盾，提高了司机收益，满足了乘客在高峰时段的出行需求，同时也提高了公司的利润，因而实现了多赢。

从这些案例中可以看出，有了大数据技术的支撑，合理应用动态定价将带来社会资源合理分配、企业营收增加和消费者满意度提升等多方面好处。

那么，动态定价是不是在任何情况下都合法合规呢？答案是否定的。

一方面，随着诸多厂商授权电商平台经营产品或服务，电商平台的动态定价可能会损害厂商的利益。2017年，雅各布斯公司生产的除臭剂在亚马逊网站的价格临时上涨了一倍。雅各布斯公司怀疑亚马逊开发了动态定价算法，随时在调整产品价格。此举导致雅各布斯公司的产品销量大幅下降，并且损失利润。美国联邦公平贸易委员会也因此怀疑亚马逊恶意调整多种竞争类产品的价格，让消费者在促销活动中感觉自己获得了更大的折扣，并对亚马逊展开调查。

另一方面，动态定价极易导致个性化定价。在网友指责滴滴采取大数据杀熟、开展个性化定价的事件发生后，滴滴出行总裁柳青回应称，同一起点、终点和车型的行程估价不同是由于路况在实时变化，两部手机收到的估价不是同时做出的，而是动态评估的。在这个案例中，尽管估价不代表最终价格，但也引起了消费者的广泛质疑，可以发现动态定价极可能导致个性化定价。

另外，频繁的动态定价也可能涉嫌价格欺诈。2019年3月10日，有网友爆料在携程购买了一张机票，总价为17548元。当他因为发现没有选择报销凭证而退回重选时，系统提示已无票。重新搜索一次后，他发现该航班仍有余票，但价格变成了18987元。而在海航官网上，该航班只需16890元。姑且不谈如此高频率的动态定价是否全涉嫌价格歧视，以及给消费者带来的糟糕体验，但在获知消费者具有购票倾向时提高价格的行为无疑是带有价格欺诈倾向的。

动态定价的运用必然需要大量数据的支持。例如，从消费者的搜索和购物车数据中分析产品或服务的供需变化。但是，如果企业把大数据"用歪了"，就会对消费者和其他企业带来极大的危害。例如，从消费者的消费记录中分析其购买力，从消费者的搜索记录中分析其购买产品或服务的急切程度，就可能导致企业披着动态定价的外衣，堂而皇之地频繁变动产品或服务的价格，开展消费欺诈和价格歧视来牟利。又或者，电商平台根据大数据分析来调整平台上多款产品的价格，操纵同类产品的市场需求以谋求自身利益最大化，伤害平台上的厂商。如何区分动态定价是合理的平衡供需关系，还是非法引导价格欺诈，是业界关注的热点。

无论是大数据杀熟，还是非法动态定价，企业都是想尽办法制造与消费者、竞争对手甚至合作方的信息非对称，借助掌握的大数据形成资源优势，操纵价格改变区域或个体供需关系，进而非法牟利。在这个过程中，一旦数据被"用歪了"，也就助长了价格操纵带来的非法利益，成为价格操纵的"帮凶"。

利益驱动：引发个人信息收集乱象的根源

4.3.1 用户画像：化成灰也认识你

用户画像是根据用户在互联网留下的痕迹加工形成的一系列用户标签，是通过收集、汇聚、分析个人信息，对某特定自然人的个人特征，如职业、经济、健康、教育、个人喜好、信用及行为等方面做出分析或预测，形成其个人特征模型的过程。

用户画像的应用场景包括两个方面。一个是用于产品开发和行业分析。这个场景中主要应用的是群体用户画像。群体用户画像使用的是某个群体的数据，从而构建出群体特征。基于群体特征和喜好，就可以有针对性地开发产品和服务，并进行相应的市场推广活动。例如，某金融机构需要针对白领人群开发一款理财产品，此时就需要知道这个人群的行为特征以及风险偏好状况，在此基础上可以规划该理财产品的拟投资方向、预期收益等产品设计方案。因为群体用户画像的群体性特征决定了该类用户画像具有明确的群体指向，所以可以用于产品开发。另一个是用于精准营销活动。精准营销使用的主要是个体用户画像。与传统的广告或营销活动不同，传统广告采用广播、电视、报纸、网页广告等方式，传播对象是不特定的用户，而精准营销广告则是针对特定的用户。传统营销的目的是通过广告找到符合用户画像的人，但由于广告不具有精确指向性，因而效率低下。精准营销则可以通过对个体用户画像的构建和分析，使广告的发布方精确地找到用户。

那么，为了构建全面的用户画像，企业给用户打了多少个标签呢？腾讯云高管透露，用户人均被腾讯标记的标签高达 2000 多个。通过这些标签，腾讯可以不断分析"我们是谁、我们要干什么"。移动支付习惯、购买力、常用出行方式、关注新闻类型、性别、年龄段等都是腾讯给我们每个人做标记的标签。为了构建这些用户画像标签，腾讯每天至少开展 1.5 万亿次计算，并描绘了 1000 亿条用户关系链。构建如此完整的用户画像，需要汇集多方碎片信息，如交易数据、账户基本信息、出行数据、娱乐数据及社交数据等。这些数据主要分为两类。一类是静态数据。这类数据相对稳定，包括性别、年龄、地域、商圈、职业、婚姻情况、生育情况、消费等级及消费周期等。此类数据往往能够通过简单的清洗工作形成用户标签。另一类是动态数据。此类数据往往需要持续不断地收集，如网页点击、视频观看、出行路径等。此类数据形成用户标签需要根据一定的行为计算标签权重。例如，用户在浏览红酒网站时购买了一瓶长城干红葡萄酒，经过计算可能会得到红酒标签权重为0.8、长城葡萄酒厂商标权重为0.6等，厂商可据此标签决定是否推送红酒广告给用户。总体来看，用户画像是由多个标签组成，标签越多，则用户画像越完整。形成用户画像后，厂商可据此实现精准营销和产品研发。

在日常生活中，我们经常会收到诸多骚扰电话、短信、邮件或软件推送信息，其中用户画像"功不可没"。对于用户本人而言，最关注的莫过于用户画像能够多精准地定位到自己，也就是能够多大程度地还原姓名、联系方式、家庭住址及身份证号等个人信息。这取决于厂商在收集用户信息时通过哪些方式标识用户。用户标识方式有多种，如浏览器中的 Cookie、网站或 App 注册的 ID、Email、微博微信 QQ 账号、移动设备标识、电脑 MAC 地址、手机号及身份证号等。其中，手机号和身份证号是厂商最希望得到的用户标识信息。因为这些信息能够将网上采集的数据快速对应至现实中的个人，而注册 ID、Email、微博微信 QQ 账号对应现实中个人的精确度不够高，Cookie 则具有一定的时效性且不易跨设备使用。一般来说，只有超大型互联网企业才能够收集到足够多的用户信息，但这并不妨碍中小企业和初创企业利用超大型企业描绘的用户画像开展业务。因此，用户画像领域是当前个人信息泄露的重灾区。

有一位用户曾在百度搜索过"减肥""人工流产"等关键词，当他点击进入其他网站后也发现了相关广告。这位用户认为百度在未告知的情况下将其兴趣爱好和个人需求显露在相关网站上，侵犯了其隐私，便向法院提出了诉讼。而法院认为，虽然搜索记录具有隐私性质，但不属于个人信息，因为百度公司个性化推荐服务收集和推送信息的终端是浏览器，没有定向识别使用该浏览器的网络用户身份；网络活动轨迹及上网偏好一旦与网络用户身份分离，便无法确定具体的信息归属主体，也就不再属于个人信息的范畴。因此，法院最终判其败诉。这是以数据权属不明确而做出的判决，实际上也是对用户画像的一种默许，必将助长行业内以基于个人信息的用户画像手段开展的各种盈利活动，愈发增加个人信息保护的难度。

4.3.2　默认勾选："套取"个人信息的小技巧

2018 年初，支付宝个人年度账单刷屏热潮未退之际，一篇名为《紧急！查看支付宝年度账单前，请先看看这个》的文章将支付宝推到了风口浪尖。该文章称，支付宝个人年度账单首页有一行特别小的蓝色字——我同意《芝麻服务协议》，且默认勾选了"同意"。查看账单与《芝麻服务协议》没有关联性，即使选择取消"同意"，年度账单依然可见。如果用户没有注意到该选项，就会直接同意这个协议，允许支付宝收集其信息，包括在第三方保存的信息。根据《消费者权益保护法》，消费者有选择权，商家不应替消费者做出选择。一时间，质疑支付宝侵犯个人隐私的声音铺天盖地，众多网友纷纷表示被支付宝"套路"了。蚂蚁金服、支付宝迅速发布官微道歉，及时取消了"我同意《芝麻服务协议》"的默认勾选。

年度账单事件过后不久，支付宝由于非法收集个人信息被用户起诉，索赔 2 元。原告俞先生认为，其使用支付宝结账时，支付宝客户端默认勾选了"授权淘宝获取你线下交易信息并展示"的选项，并将交易信息提供给支付宝、淘宝、天猫，这侵犯了个人信息被收集、使用的知情权。事情曝光后，支付宝及时对该功能做了下线处理，并删除了之前的展示信息。其实不只是支付宝，默认勾选已成为业内信息收集、捆绑销售的通用做法。

4.3.3 霸王条款："强取"个人信息的小策略

安装 App 时，我们都遇到过这样的情况："请求获取位置权限""请求获取通信录内容""请求获取设备信息"……App 要求获取的权限一个接一个弹出，依次等待我们予以放权。App 对获取权限的行为进行明示，是对用户知情同意权的尊重。然而，频繁弹出的权限获取申请使我们不禁要问，这些权限都是 App 运行所必需的吗？我们不同意 App 权限申请，会怎么样？为了回答这个问题，笔者亲身试验，买了一部安卓系统的新手机。在安装某输入法时，输入法要求获取位置权限、通信录权限等。笔者点禁止，结果无法继续安装。笔者又安装某聊天工具，该聊天工具也要求获取地理位置。如果点禁止，该工具也是自动退出安装。

2018 年，有网络安全机构在对中国电信 App 进行检测时发现，用户在初次安装使用该 App 时仅有存储、电话、通信录和位置信息 4 项权限提示，但随后 App 还要获取其他 70 项子权限。而且，修改通信录、读取联系人、录音、修改通话记录、拨打电话、发送短信等敏感项并不显示通知。如果用户点击不同意，则应用自动退出。2018 年 4 月，知乎 App 也被爆出隐私政策存在霸王条款，用户不同意就不能使用。网友直呼不如将"不同意"按钮直接改为"一键卸载"！

2019 年中央广播电视总台"3·15"晚会上，央视曝光了手机 App 通过不平等、不合理条款的授权协议，强制索取用户个人信息的乱象。晚会现场，主持人用真实的社保信息对"社保掌上通"App 进行了测试。在该 App 上输入身份证号、社保账号、手机号等个人信息，注册完成后，电脑远程就能截取用户输入的几乎全部信息。为了使截取用户信息的操作"合法合规"，App 一般会通过隐秘的隐私条款获得用户授权。例如，"社保掌上通"App 在隐私条款中写道："您在此充分地、有效地、不可撤销地明示同意并授权我们使用您的社保账户密码为您提供查询服务。"这意味着用户的这些信息可以向第三方大数据公司开放。据"3·15"晚会介绍，目前一些查社保、查违章的 App 都存在此类问题。

实事求是地说，部分 App 公开隐私政策，明示需获取的各种权限和信息，是基于尊重用户知情权的考虑，在用户清楚并同意的情况下合法、合理地获取信息。然而，技术实现不合理、用户体验考虑不周全等，使用户的感知与 App 的设计初衷大相径庭，甚至南辕北辙。但无论如何，用户在和 App 的博弈中明显处于下风，甚至毫无话语权。App 通过过度索权、强制授权两套组合拳，能轻易迫使用户开通 App 要求的各种权限，确是不争的事实。

4.3.4　未经授权："夺取"个人信息的小窍门

除了设置霸王条款及强制获取用户的隐私以外，未经用户许可，私自获取用户数据，也是部分 App 的惯用伎俩。2017 年 12 月，国家计算机病毒应急处理中心通过对互联网监测，发现《欢聊》（版本 V2.0.1_0edd508）、《仿 Iphone 来电闪光》（版本 V2.1.3）两款移动应用均存在危险行为代码，存在窃取用户隐私信息，造成用户隐私泄露及资费消耗的情况。

App 越界获取手机隐私权限的情况一直存在，但呈现逐渐递减的趋势。根据腾讯社会研究中心和 DCCI 互联网数据中心联合发布的《2018 年度网络隐私及网络欺诈行为研究分析报告》，2017 年上半年，25.3% 的安卓系统 App 存在越界获取用户隐私的行为；2018 年上半年，该比例降低到 5.1%；2018 年下半年，仅有 2% 的 App 存在越界获取手机隐私权限的行为。获取位置信息、读取联系人和读取短 / 彩信是安卓系统最常获取的三大核心隐私权限。

除了未经授权获取用户隐私的 App，还有企业专门研制信息窃取工具，在公共场合抓取用户的敏感信息。2019 年的"3·15"晚会上，声牙科技探针盒子窃取用户个人信息的行为被曝光。根据曝光材料，声牙科技有限公司等企业研发的探针盒子可在用户手机无线局域网处于打开状态时窃取用户的手机号码、年龄、性别、婚姻及收入状况等个人信息，对用户进行精准画像。窃取的这些信息又会被用于房地产、汽车、金融、整形、培训教育等行业的精准营销。依托探针盒子的信息窃取功能，为骚扰电话提供智能外呼的某专业公司已经收集了全国 6 亿用户的信息资料，只要将收到的 MAC 地址和公司系统后台大数据进行匹配，就可以转换出用户的手机号码。

4.3.5　中小企业App：容易被忽视的个人信息收集短板

2018 年 11 月，中国消费者协会发布了《100 款 App 个人信息收集与隐私政策测评报告》。报告显示，在评价的 100 款 App 中，多达 91 款 App 涉嫌权限越界，存在过度收集用户个人信息的行为。其中，位置信息、通信录信息、身份信息、手机号码信息是被过度收集最多的个人信息；新闻阅读、网上购物和交易支付等类型 App 的总平均分相对较高，金融理财类 App 得分相对较低。

值得注意的是，中小企业 App 产品的个人信息收集问题突出，存在过度收集信息、无隐私条款、条款不完整以及不合理格式条款等问题。相比大型互联网企业，中小企业 App 产品收集个人信息的情况更应该得到重视。

我们习惯于使用微信、支付宝、京东等 App，使用的次数多、频率高，发现的 App 隐私问题也不在少数，于是有人认为这些互联网巨头不尊重用户隐私，使用其研发的产品，用户隐私得不到保障。笔者认为，腾讯、阿里巴巴等大型互联网企业在追求利益最大化时可能会选择让渡部分的用户隐私，但也不能完全抹杀这些企业在保护用户隐私方面所做的努力。至少从结果来看，这些企业仍是做得较好的那一部分。

4.4 数据安全：妨碍数据利用的最大变量

4.4.1　漏洞：数据泄露的重要源头

近年来，数据泄露事件屡屡发生，数据泄露数量不断增加，波及众多行业，给企业和用户带来了不可估量的严重后果。据金雅拓（Gemalto）发布的数据泄露水平指数（Breach Level Index）调查报告，2018 年上半年，全球共发生了 945 起数据泄露事件，导致共计 45 亿条数据被泄露，过去 5 年有近 100 亿条记录被泄露，平均每天泄露的记录超过 500 万条。

系统漏洞正是造成数据泄露的罪魁祸首之一。2018 年，Facebook 遭遇自创立以来的至暗时刻，全年 3 次被曝发生数据泄露事件，其中 2 次都与系统漏洞直接相关，涉及约 1 亿用户。2018 年 9 月，Facebook 在泄露 5000 万条用户信息后再次卷入数据泄露旋涡，其系统因安全漏洞遭黑客攻击，导致 3000 万条用户信息泄露，包括 1400 万条用户的姓名、联系方式、搜索记录、登录位置等敏感信息。12 月，Facebook 再次被曝因软件漏洞可能导致 6800 万用户的私人照片泄露。

2018 年 3 月，美国运动品牌安德玛旗下的健身应用 MyFitnessPal 因存在系统漏洞遭到黑客攻击，导致 1.5 亿条用户数据被泄露，涉及用户名、电子邮件地址和密码等信息。美国票务巨头 Ticketfly、面包连锁店 Panerabread 以及谷歌等企业均曾因系统漏洞导致数据泄露。

由系统漏洞引发的数据泄露事件不一而足，那什么是漏洞呢？在计算机领域，漏洞特指系统存在的弱点或缺陷，一般被定义为硬件、软件、协议的具体实现或系统安全策略上存在的缺陷。

1947 年 9 月 9 日，美国海军对 Mark II 型计算机进行测试时，计算机突然发生了故障。经过几个小时的检查，当时的美国海军中尉、电脑专家格蕾丝·霍波（Grace Hopper）发现，一只被夹扁的小飞蛾卡在了 Mark II 型计算机的继电器触点之间，导致电路中断。将飞蛾取出后，计算机恢复正常。霍波在工作日志上写道："就是这个 Bug（虫子）害我们今天的工作无法完成。"自此，"Bug"一词被当作计算机系统缺陷和问题的专业术语一直沿用至今。在日常生活中，人们也通常将 Bug 与漏洞画上等号。

漏洞伴随着系统的诞生而持续存在。目前，大型信息系统的代码动辄数百、上千万行，Windows 7 操作系统有 5000 万行代码，Windows 8 有上亿行代码，其中潜藏着成千上万的漏洞。更可怕的是随着信息系统运行、检测、迭代升级，尽管绝大部分漏洞被发现并及时清除，但仍有部分漏洞如附骨之疽一样难以被发现，更不会被修复，成为持续影响系统安全、造成系统持续不安全的重要源头。例如，2018 年 1 月发现的能影响几乎所有 Intel CPU、AMD CPU 和部分 ARM CPU 的 Meltdown（熔断）和 Spectre（幽灵）漏洞，其产生时间可追溯至 1995 年，当时 CPU 刚刚开始使用乱序执行和预测执行等硬件设计特性。微软自动认证漏洞、BadTunnel 漏洞、Windows 打印机漏洞、Shellshock 漏洞等在被发现并修复之前，潜藏时间均超过 20 年。

4.4.2 黑客：游走在漏洞边缘的逐利者

黑客攻击是导致数据泄露的最主要原因。根据金雅拓统计，56% 的数据泄露事件是由"恶意的外部入侵者"引发的。IBM 的研究报告 [1] 显示，犯罪攻击导致了 48% 的数据泄露事件，漏洞攻击、病毒利用、"撞库"等是主要的数据获取方式。

2018 年 8 月 28 日，华住酒店集团旗下酒店共计 5 亿条用户信息在暗网被售卖，涉及用户姓名、身份证号、手机号、邮箱、家庭住址、生日、入住时间、离开时间、酒店 ID 号、房间号及消费金额等敏感信息。根据调查，该事件是由疑似华住程序员在 GitHub（面向开源及私有软件项目的托管平台）上传的名为 CMS 的项目被黑客攻击所致。

2018 年 1 月，印度的 10 亿公民身份数据库 Aadhaar 被曝遭网络攻击，姓名、电话号码、邮箱地址、指纹、虹膜记录等极度敏感的用户信息被泄露。根据调查，Aadhaar 数据库的登录和 e-Aadhaar 的下载存在风险，允许第三方通过白名单 IP 地址登录 Aadhaar 数据库，访问相关数据。

2017 年 10 月 3 日，雅虎的母公司——美国电信巨头威瑞森表示，雅虎所有 30 亿用户的个人信息均于 2013 年被黑客窃取，涉及用户姓名、联系方式、密码以及安全问答等敏感信息。

---

[1] 《2018 Cost of a Data Breach Study: Global Overview》。

人为因素是数据泄露的重要原因。据 IBM 统计，25% 的数据泄露事件由人为因素导致。人为因素分为两种情况：一种是企业内部人员或承包商因设备配置不当、工作疏忽，导致数据暴露在公开的互联网上；另一种是企业内部人员或承包商实施恶意的内部攻击，导致数据泄露。

2018 年 6 月，美国 Exactis 公司因服务器没有防火墙保护，使 2TB 数据库直接暴露在公共互联网上，导致上亿条美国成年人的个人信息和数百万条公司的信息被泄露，这些敏感信息包括电话号码、家庭住址、电子邮箱，以及宗教信仰、是否吸烟、兴趣爱好、个人习惯等，几乎可以构建一个人的完整"社会肖像"。

2018 年 6 月发生的事件还有 10 亿条圆通快递数据在暗网被兜售。根据卖家描述，售卖数据包括寄（收）件人姓名、电话、地址等信息，是由圆通内部人士批量出售的 2014 年下旬的数据。经网友验证，姓名、电话、住址等信息均属实。考虑到泄露数量之大、准确率之高，外界普遍认为数据来源为圆通内部较高级别的工作人员。

由于用户数据涉及大量个人隐私，其重要性对用户不言而喻。然而，作为数据的生产者、拥有者，用户难以掌握自身数据的流转轨迹，数据泄露后难以第一时间获知，甚至在泄露数据多次转手，被用于精准营销、诈骗时，都不清楚到底是哪里出了问题。

为什么会出现这样的情况呢？笔者认为有以下几方面的原因。

第一，企业和用户一样"无知"。当前，大部分企业对数据泄露等数据安全问题的认识不到位，总以为不会得到黑客的"眷顾"，并且没有建立相应的监测预警、应急响应机制和手段，不仅发现不了数据泄露，而且难以及时应对和补救。根据 IBM 统计，企业发现数据泄露的平均时间是 197 天，控制数据泄露造成的后果还额外需要平均 69 天。当然，发现数据泄露的时间越长，控制数据泄露的时间越久，企业和用户的损失也就越大。国内外企业大规模数据泄露事件举例如表 4-2 所示。

表 4-2　国内外企业大规模数据泄露事件

编号	企业	数据泄露描述	发现时间	泄露时间
1	万豪	约 5 亿条用户信息被泄露，涉及姓名、邮寄地址、电话号码、电子邮件地址、护照号码、账户信息、出生日期及性别等	2018.11	2014
2	圆通	10 亿条圆通快递数据在暗网被兜售，包括寄（收）件人姓名、电话及地址等信息	2018.6	2014
3	MyHeritage	约 9200 万个账户相关的电子邮件地址和密码信息	2018.6	2017
4	Facebook	超过 8700 万条用户信息被泄露	2018.3	2015
5	雅虎	30 亿条雅虎用户信息被泄露，包括姓名、联系方式、密码以及安全问答等	2017.10	2013
6	领英	超过 1 亿条领英会员信息被泄露，包括邮箱地址、加密密码、领英会员号码等	2016.5	2012

从表 4-2 中可以看出，不仅酒店、快递等行业企业，Facebook、雅虎等互联网巨头对数据泄露的感知能力都很差，数据泄露发生与发现的时间间隔普遍较长，对企业和用户造成的损失自然也更大。

第二，企业比用户更"先知"。如果企业受限于自身能力难以发现数据泄露，未能及时向用户预警，还能说是情有可原，那么发现数据泄露却知情不报就另有意味。

2017 年 11 月，Uber 发布声明，承认其在 2016 年曾遭黑客攻击并导致数据大规模泄露。当时，黑客窃取了 5700 万条用户数据，包括用户姓名、邮箱和手机号等敏感信息。然而，据彭博社报道，Uber 在得知数据被窃取后没有第一时

间向政府机构报告，也没有及时通知用户采取防范措施，而是向黑客支付了 10
万美元，试图销毁被盗数据以隐瞒泄露事件。

2017 年 9 月，美国发生了历史上最大规模和影响的数据安全事件。征信机
构 Equifax 的 1.45 亿条美国公民的信用记录被泄露，包括姓名、社会保障号、出
生日期、地址以及一些驾驶证号码等。美国约 20.9 万名消费者的信用卡详情和
涉及 18.2 万人的争议文件也可能遭到泄露，Equifax 在英国和加拿大的数千万名
顾客也受到影响。根据调查，Equifax 在数据泄露事件发生前忽略了国家安全部、
安全专家发来的大量关于隐私数据威胁的警告；事件发生后，Equifax 也是在确
认数据泄露的第 40 天才向客户、投资者和管理者发送通告，导致数据泄露的影
响进一步扩大。

4.4.3 网络爬虫：数据泄露的新渠道

大数据时代，企业收集数据的方式多种多样。除了直接通过用户采集之外，
还包括传感器采集、网络爬虫采集等方式。其中，利用网络爬虫采集公开信息
是企业数据的重要来源。相关数据显示，50% 以上的互联网流量其实都是爬虫
贡献的；对于某些热门网页，爬虫的访问量甚至占据了总访问量的 90% 以上。

所谓网络爬虫又称网页蜘蛛、网络机器人，是一种按照一定规则自动从互
联网上提取网络信息的程序或脚本。[1] 本质上，网络爬虫是通过代码实现对人
工访问操作的自动化。但是，网络爬虫具备的代码解析能力使其可能访问到人
工不会访问或者无法访问的内容。技术都具有两面性，虽然网络爬虫已广泛应用，

---

[1] 周德懋，李舟军. 高性能网络爬虫：研究综述 [J]. 计算机科学，2009，36（8）：26-
29.

但绝不能无限制使用。过度使用网络爬虫，可能引发一些问题：过于野蛮的数据爬取操作可能加大网站负荷，导致网站瘫痪，等等；用爬取技术获取数据，可能导致数据所有者失去对数据的唯一拥有权。如果爬取数据中的企业信息和个人信息未经授权或被不正当地使用，可能引发商业纠纷，侵犯个人的合法权益。

为了规范网络爬虫行为，荷兰软件工程师马蒂恩·科斯特（Martijn Koster）于 1994 年 2 月起草了网络爬虫的规范——Robots 协议。Robots 协议全称网络爬虫排除标准（Robots Exclusion Protocol），又称爬虫协议、机器人协议，实质上是为了解决爬取方和被爬取方之间通过计算机程序完成关于爬取的意愿沟通而产生的一种机制。Robots 协议存在于网站中，负责告诉网络爬虫哪些页面可以抓取，哪些页面不能抓取。Robots 协议是行业广泛遵守的规范，但它只是一个未经标准组织备案的非官方标准，也不属于任何商业组织，不具有强制性，相当于一个"君子约定"。

无视 Robots 协议抓取数据存法律风险。近两年，因抓取数据而遭遇诉讼被处罚金，甚至锒铛入狱的案例逐步增多；是否遵从 Robots 协议，也逐步从行业规范上升为量刑的重要依据。2017 年，今日头条起诉上海晟品网络科技有限公司采用技术手段非法抓取视频数据。经审理，上海晟品被判定构成非法获取计算机信息系统数据罪。根据判决书，上海晟品使用伪造 device_id 绕过服务器的身份校验、使用伪造 UA 及 IP 绕过服务器的访问频率限制等破解防抓取措施的行为，成了获罪的重要依据。根据《中华人民共和国刑法》第 285 条规定，非法获取计算机信息系统数据、非法控制计算机信息系统罪，是指违反国家规定，侵入国家事务、国防建设、尖端科学技术领域以外的计算机信息系统或者采用其他技术手段，获取该计算机信息系统中存储、处理或者传输的数据，情节严重的行为。结合上述案例，企业和个人在使用爬虫技术抓取数据时切勿突破、绕开反爬虫策略及协议，切勿破解客户端、加密算法。

近年来，由恶意网络爬虫引发的数据泄露事件也逐步增多。2017年，58同城的全国简历数据泄露引发轩然大波。有淘宝电商出售"58同城简历数据"：一次购买2万份以上，0.3元一条；一次性购买10万份以上，0.2元一条；同时，支付700元即可购买爬取软件。安全专家分析，出售的数据爬取软件本质上是一个恶意爬虫工具，利用58同城系统的漏洞爬取相关信息。根据正常的商业模式，58同城、智联招聘、前程无忧等招聘网站允许企业和个人访问简历信息，网络爬虫自然也在许可范围之内。但是，无论企业、个人还是网络爬虫，都只能看到部分的简历内容，个人联系方式等敏感的简历内容需要付费才可以查看。然而，58同城系统的多个安全技术漏洞的组合使网络爬虫一步步获取到了用户的全部简历信息。具体地说，第一个漏洞允许爬虫批量获取用户的简历ID，第二个漏洞会导致用户姓名等真实信息泄露，第三个漏洞允许爬虫通过用户ID抓取用户的电话号码。在多个漏洞的叠加影响下，用户的简历信息也就没有秘密可言了。

那么，企业和个人应该如何使用网络爬虫这把双刃剑呢？有专家指出，爬取数据前，首先识别数据性质，严格禁止侵入内部系统数据；爬取数据时，避免获取个人信息、明确的著作权作品、商业秘密等；爬取数据后，严格限定数据应用场景，切忌不劳而获、"搭便车"地利用他人数据，侵害他人的商业利益。

4.4.4　数据黑产：分工明确的数据利益链条

大数据时代，信息的高速流转和运营创造了空前的价值，随之而来的信息数据倒卖猖獗，企业大规模数据泄露事件频发，数据安全如临深渊。

根据南方都市报联合阿里巴巴发布的《2018 网络黑灰产治理研究报告》，2017 年我国网络黑产已达近千亿元规模，全年因垃圾短信、诈骗信息、个人信息泄露等造成的经济损失估算达 915 亿元，电信诈骗案每年以 20% ~ 30% 的速度增长。据不完全统计，2015 年，我国网络黑产从业人员就已经超过 40 万人；截至 2017 年中，我国网络黑产从业人员已超过 150 万人。据阿里安全归零实验室统计，2017 年 4 月至 12 月共监测到电信诈骗案件数十万起，涉及受害人员数万人，损失资金超过亿元。2018 年，活跃的专业技术黑灰产平台多达数百个。

在网络黑产早期，数据是网络黑产的重要基础，贯穿网络黑产的上中下游，支持攻击者实施诈骗、骚扰、劫持流量等定向或非定向攻击。近年来，随着数据价值的提升，以数据交易、数据清洗、数据分析为核心的数据黑色产业链逐渐完善，网络黑产迎来了以数据黑产为代表的新时代。

目前，庞大的数据黑产已经相当完整。根据产业链内各角色分工的不同，数据黑产大致可分为上游、中游、下游三部分，如图 4-4 所示。

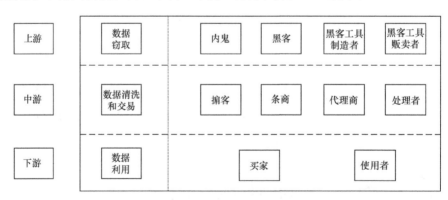

图 4-4　数据黑产上中下游示意图

数据黑产的上游以内鬼、黑客为主，他们通过访问特权或非法入侵企业信息系统获取数据；为黑客实施攻击提供工具支撑的工具制造者、贩卖者等，也属于数据黑产的上游。数据黑产的中游以掮客、条商、代理商及处理者为主，他们负责数据的交易和流转。数据黑产的下游主要是各类数据买家和使用者，这些购买的数据往往用于精准营销、身份认证及电信诈骗等。

数据泄露是数据黑产的源头。根据360互联网安全中心发布的《2016年网站泄露个人信息形势分析报告》，2016年遭到泄露的个人信息约为60.5亿条，平均每人就有4条相关的个人信息被泄露。这些信息最终的命运是在黑市中被反复倒手，直至被榨干价值。

我们总以为黑客、网络攻击及病毒等是造成数据泄露的主要原因。然而，追究数据泄露源，事实不免让人悲哀。相关调查显示，80%的数据泄露是企业内部人员所为，黑客和其他方式仅占20%。根据一份FBI和犯罪现场调查（CSI）等机构联合发布的调查报告，超过85%的网络安全威胁来自内部，危害程度远远超过黑客攻击和病毒造成的损失。根据世界通信技术行业巨头威瑞森发布的《2018年数据泄露调查报告》，超过1/4的数据泄露是由内部人员造成的。我们常常把泄露组织机密信息的人称为"内鬼"或"细作"，而内鬼越来越成为数据泄露的罪魁祸首。

2018年9月，亚马逊被曝其部分员工通过中间人向亚马逊的商家出售内部数据和其他有关客户的机密信息，使购买数据的商家在竞争中获得优势。2018年6月，特斯拉起诉一名前员工盗取公司的商业机密并向第三方泄露了大量公司内部数据，这些数据包括数十份有关特斯拉生产制造系统的机密照片和视频等。2018年5月，江苏常州警方破获"6·18"特大侵犯公民个人信息案，涉及内鬼多达48名，涵盖银行、卫生、教育、社保、快递、保险及网购等多个行业，包括个人征信、开房住宿及收货地址等数十种实时信息。2017年初，央视曝光了一起涉及 50 亿条公民信息的数据泄露事件，嫌犯是京东网络安全部的内部网络工程师。根据调查，嫌犯利用京东网络安全部员工的身份，为黑客提供大量在京东、QQ 上的物流信息、交易信息及个人身份等数据；嫌犯还曾通过相似手段入侵多家互联网公司的服务器，从中窃取并倒卖公民个人信息，实施盗刷银行卡等违法犯罪活动。

随着产业链上中下游分工的逐步明确和细化，第三方服务机构成为数据泄露的新主体。2018 年 8 月，浙江警方破获了一起上市公司非法窃取用户数据案，堪称"史上最大规模数据窃取案"。据悉，上市公司瑞智华胜借助为国内电信运营商提供精准广告投放系统的开发、维护的机会，将自主编写的恶意程序部署到运营商内部的服务器上，非法从运营商流量池中窃取搜索记录、出行记录、开房记录及交易记录等 30 亿条用户数据，导致百度、腾讯、阿里巴巴、今日头条等全国 96 家互联网公司的用户数据被窃取，国内几乎所有的大型互联网公司均被"雁过拔毛"。

数据清洗是数据黑产的关键步骤。"撞库"是数据清洗的第一步。在介绍"撞库"的概念之前，我们先了解一下"撞库"的兄弟"拖库"。"拖库"是指黑客入侵有价值的网站和信息系统，以 TXT、XLS 等格式从数据库中导出数据的行为。2017 年 3 月，迅雷就曾遭到"拖库"，500 万用户的密码全部泄露。通常，"拖库"窃取到的邮箱、社交软件等账号及密码信息大多是单一、无效的，或者有些数据库中存储的密码是经过加密的，难以直接使用。这时就需要使用"撞库"的办法对获得的数据进行清洗。

"撞库"是指黑客通过收集整理互联网上已泄露的用户名、密码等信息生产对应的字典标准，尝试对其他网站进行批量登录，以得到可登录的有效用户名和密码等信息的过程。用户为图省事，经常在多个网站设置同样的用户名和密码，一旦其中一个网站的信息遭到泄露，就很容易被黑客通过"撞库"攻击的方式顺藤摸瓜，获取手机号、身份证号、家庭住址及银行账户等敏感信息。2016年10月，网易遭遇"撞库"攻击，导致网易163、126邮箱过亿条数据被泄露，包括用户名、密码、密码保护信息、登录IP以及用户生日等。

经过"撞库"清洗后，账号、密码的有效性更强，可以精准获取用户多平台的相关注册信息，数据内容更丰富。这在犯罪分子眼中极具价值，价格也水涨船高。

"拖库""撞库"的流程示意如图4-5所示。

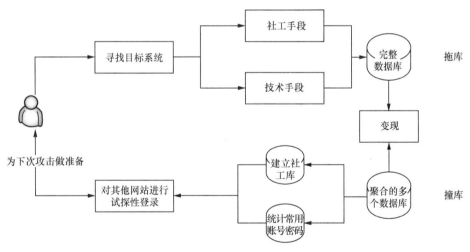

图4-5 "拖库""撞库"的示意图

在数据黑产中，数据交易是数据变现的重要方式之一。根据腾讯安全发布的《信息泄露：2018企业信息安全头号威胁报告》，账号/邮箱类数据、个人信息、网购/物流数据是黑客交易最受欢迎的产品，交易量占比分别为19.78%、12.19%、9.69%。360企业安全发布的《2018年暗网非法数据交易总结》显示，金融行业、互联网行业和生活服务行业涉及的交易数据最多，占比分别达 23.1%、16.3%、6.1%。近年来，我国非法数据交易现象日益猖獗。2016 年 6 月—2018 年 8 月，我国发生十余起涉及过亿条个人信息非法交易的案件，并逐步呈现出产业链作案特征。

数据交易在具备变现属性的同时，也是数据清洗的关键一环。据地下数据产业资深人士透露，随着数据需求的持续放大，非法数据交易等数据黑产有公开化的趋势。部分大数据初创企业通过购买各种渠道的数据，其中不乏黑客、内鬼甚至暗网出售的数据，整合数据资源，降低数据成本，提供更全面的数据服务。在这样的业务模式下，不同出身的各种数据实现了合法流通，无疑更刺激了数据非法交易。

经过数据交易、数据清洗等环节的复杂运作，泄露的涉及姓名、电话、身份证、银行卡及家庭住址等真实信息的各种数据最终流入各类数据买家和使用者手中，充分展现了数据的"价值"。电信诈骗、精准营销是数据变现的最终环节。当前，很多企业纷纷整合自有和外部数据资源，在用户画像的基础上针对行业客户提供精准广告投放服务，推销电话、短信骚扰、垃圾邮件和广告弹窗等成为我们最常遇到的骚扰情况。个人信息泄露后，上门推销、诈骗电话、垃圾邮件不请自来。调查显示，中新网 PC 端与微信端均有超过 70% 的网友表示，诈骗电话、短信是自己信息被泄露后最困扰自己的事情。银联数据显示，90% 的电信诈骗案、盗窃银行卡、非法套现、冒用他人银行卡及网络消费诈骗等都是由于个人数据泄露引发的。2016 年 8 月 21 日，山东女大学生徐玉玉被诈骗分子以发放助学金的名义骗走全部学费 9900 元，在报警回家的路上猝死。究其原因，就在于徐玉玉准确的录取信息、手机号码等个人信息被窃取、贩卖，进而引发了精准的电信诈骗。

第 5 章

数据跨境流动：
复杂与多变交织

数据跨境流动：复杂与多变交织

- 数据主权与数据跨境流动
  - 何为数据主权
    - 国际
      - 国家主权角度：独立性与合作性
      - 数据主权的内容角度：数据管辖权与数据所有权
      - 数据主权的权责内涵角度：数据主权不只是权利，还代表对本国数据应尽的义务
    - 国内
      - 赞成角度：关乎国家利益，推动全球网络新秩序
      - 不赞成角度：不利于数字经济发展
  - 云计算对数据主权的影响
    - 分离了数据所有权与控制权
    - 给数据主权的界定带来挑战
    - 引发了国家之间的争端
  - 主要国家对数据跨境流动的态度
    - 美国推行数据跨境自由流动
    - 欧盟在充分保护个人数据的前提下推动数据跨境流动
    - 俄罗斯限制数据跨境流动
- 数据本地化
  - 数据本地化的几种形态
    - 完全禁止本国数据出境
    - 禁止本国特定数据出境
    - 本国有条件数据出境
    - 境内数据中心备份出境
  - 数据本地化的代价
    - 国家：加大经济损失
    - 企业：影响创新能力
    - 个人：无法享受最新成果
- 数据跨境流动在我国
  - 我国关于数据本地化存储的规定
    - 统一规定：《网络安全法》
    - 行业规定：金融、卫生、医疗及交通领域
  - 基因信息出境：监管需加强

本章主要描述国际层面的数据流动，即数据跨境流动。提到数据跨境流动，必然涉及数据主权。国际上对数据主权的界定主要有三个角度：从国家主权角度来看，数据主权具有独立性与合作性；从数据主权的内容角度来看，数据主权包括数据管辖权与数据所有权；从数据主权的权责内涵角度来看，数据主权不只是权利，还代表了对本国数据应尽的义务。

对于当前各界对数据主权的界定，国内存在赞成和不赞成两种声音。赞成者认为数据主权关乎国家利益，强调数据主权有利于推动全球网络新秩序；不赞成者则认为过分强调数据主权不利于数字经济的发展。当前，以云计算为突出代表的新技术的应用对数据主权产生了深远的影响，如分离了数据所有权与控制权、给数据主权的界定带来挑战、引发国家之间的争端等。

与此同时，各国对待数据跨境流动的态度也有所不同。美国推行数据跨境自由流动，欧盟各国在充分保护个人数据的前提下推动数据跨境流动，俄罗斯则限制数据跨境流动。而且，很多国家开始推行数据本地化政策。不过，数据本地化存储并不能百分之百地保证数据安全，反而还可能影响企业的创新能力，加大国家的经济损失。

 数据主权与数据跨境流动

5.1.1　何为数据主权

1576 年，让·博丹首次提出了"国家主权"的概念。这位近代主权学说的创始人在《国家六论》一书中这样写道："国家主权是一个国家的固有属性，是一种以国家为范围的对内最高统治权和对外独立权。国家主权以国家的地理疆界为界限，不可转让、不可分割、不受限制。"

之后，随着计算机的诞生与普及，人类迈入信息时代。报纸、邮件、电视等传统的信息传播渠道被打破，一个国家的信息可以借助互联网这个虚拟空间自由地跨境流动，人们坐在家里刷刷微博、看看网页就可以了解世界各地发生的新闻。信息时代，互联网作为信息传播的新媒介，其发展与管理水平影响着一个国家对本国信息的控制权。美国依靠其先进的互联网技术和管理方法，掌握着全球绝大部分互联网的控制权。例如，全球 13 台用来管理互联网主目录的"根服务器"中，美国独占 10 台；负责分配互联网协议（IP）地址、管理国家和地区顶级域名（ccTLD）系统的互联网名称与数字地址分配机构（ICANN），就是由美国商务部建立并控制的。美国在信息领域的霸主地位使其他国家感受到了本国国家安全与国家主权所面临的威胁。于是，"信息主权"应运而生。"信息主权"由"国家主权"演化而来，是指一个国家对本国的信息传播系统和传播数据内容进行自主管理的权利，主要包括三个方面的内容：第一，对本国信息资源进行保护、开发和利用的权利；第二，不受外部干涉，自主确立本国的信息生产、加工、储存、流通和传播体制的权利；第三，对本国信息的输出及外国信息的输入进行管理和监控的权利。

2011年5月，全球领先的管理咨询公司麦肯锡发表报告《大数据：创新、竞争和生产力的下一个前沿》，昭示了大数据时代的到来。与经过加工而形成的信息相比，数据更像是一块未经雕琢的璞玉，是人们在互联网中无意识地产生的一段文字、一幅图像、一个数字，甚至是一串计算机代码。随着互联网和信息行业的蓬勃发展，数据已经逐渐渗透到每一个行业、每一个领域，成为重要的生产因素。2012年3月29日，奥巴马政府发布了《大数据研究和发展倡议》(*Big Data Research and Development Initiative*)，将数据定义为"未来的新石油"，并表示一个国家拥有数据的规模、活性及解释运用的能力将成为综合国力的重要组成部分，未来对数据的占有和控制甚至将成为陆权、海权、空权之外的另一种国家核心资产。IBM执行总裁罗睿兰也指出："数据将成为一切行业当中决定胜负的根本因素，最终数据将成为人类至关重要的自然资源。"

与此同时，随着移动互联网、物联网、云服务等网络技术的快速发展，数据的流动性也不断增强，跨境的数据流量不断增长。根据预测，到2020年，全球IP流量将达到2.3ZB。面对如此海量的数据，一个国家已无法仅凭现有的信息主权来监管控制其跨境流动，各国越来越关注数据的使用权、归属权问题。尤其棱镜门事件的揭露，更是成了数据权属讨论的催化剂。2013年6月，前中情局（CIA）职员爱德华·斯诺登向媒体爆料，谷歌、苹果、微软、雅虎等九大网络巨头涉嫌向美国国家安全局和联邦调查局开放其服务器，使美国政府能轻而易举地收集、监控甚至使用全球上百万网民的电子邮件、聊天记录、照片及视频等隐私数据。美国是否有权收集和利用这些通过美国公司得到的他国公民数据？谁才有权决定这些数据的处理和调用？美国这种做法会对他国国家安全带来怎样的威胁？伴随这一系列问题的提出，"数据主权"（Data Sovereignty）的说法开始兴起。

迄今为止，关于数据主权的概念与内涵仍是众说纷纭，各国并未形成统一的意见。目前，对数据主权的界定主要从三个角度入手。

第一个角度是根据国家主权的相关概念，对数据主权做出界定。有人从国家主权的"对内最高统治权"属性出发，认为数据主权的主体是国家，是一个国家独立自主对本国数据进行管理和利用的权利。[1]有学者对其进行了补充完善，认为除了对内的管控权以外，数据主权还应包含对外的独立性。而且，在定义数据主权时，数据所在领域的特殊性也是必须考虑的因素。于是，有学者将数据主权界定为国家对数据以及与数据相关的技术、设备甚至提供技术服务的主体等的管辖权和控制权，体现域内的最高管辖权和对外的独立自主权。[2]对此，又有学者指出，在强调数据主权的独立性时也不应忽视其合作性。美国学者阿德诺·阿迪斯认为，数据主权包括"全球化"与"政治特殊性"这两种相互矛盾的国家使命。其中，全球化代表了全球各国联系的不断增强、利益的相互牵制，是当今世界发展的重要趋势。在全球化的背景下，没有哪一个国家能做到在国际网络空间中完全独立自主地掌控本国数据。各类国际组织的管辖，再加上经各国商议后形成的法律条约，才能保障数据主权的有效实现。

---

[1] 曹磊. 网络空间的数据权研究 [J]. 国际观察，2013（1）.

[2] 孙南翔，张晓君. 论数据主权——基于虚拟空间博弈与合作的考察 [J]. 太平洋学报，2015，23（02）:63-71.

第二个角度是从数据主权的内容入手，对数据主权做出界定。美国塔夫茨大学教授乔尔·荃齐曼提出，数据主权有个人数据主权和国家数据主权之分。其中，后者是前者得以实现的基础和前提，而前者又为后者的维护提供有力的支持。[1] 个人数据主权是数据来源者对其自身数据的权利，如访问权、更正权等；而国家数据主权则是一个国家对本国数据的使用权、监管权等，也是我们在本章中探讨的"数据主权"。有学者认为，数据主权包括数据所有权和数据管辖权两部分。其中，数据所有权指主权国家对本国数据排他性占有的权利，而数据管辖权指主权国家对本国数据享有的管理和利用权利。[2] 值得注意的是这里的"本国数据"并不是指存放在一国境内的数据，而是指由该国公民或境内主体产生的数据。也就是说，即使一国公民的数据经跨境流动后被存储在境外的云服务器上，根据数据主权的规定，这些数据的控制权与管理权也应归该公民所在的国家所有，第三方不能对其进行使用或监控。

第三个角度是从数据主权的权责内涵进行分析而做出的界定。这种观点认为数据主权并不只是一种权利，它还代表一个国家对本国数据应尽的义务。对本国数据的支配权、使用权、所有权等是数据主权所带来的权利，而对本国数据进行安全保护以防信息泄露，对本国公民数据行为进行监管以防侵犯他国数据主权，则是主体国家在行使数据主权时应尽的义务。

在我国，部分学者围绕数据主权提出了看法。赞成数据主权提法的观点中，有人从数据主权与国家主权的关系上分析，认为数据主权是国家主权的一部分，

[1] Joel Trachtman. Cyberspace, Sovereignty, Jurisdiction, and Modernism. Indiana Journals of Global Legal Studies, Vol.5, Issue 2, 1998.

[2] 曹磊. 网络空间的数据权研究 [J]. 国际观察，2013（1）.

对网络空间中数据的保护和利用是涉及国家主权及利益的一项重要内容[1]；有人从数据主权的来源思考，认为数据主权是伴随云计算和大数据技术的发展而来的，涉及数据的生成、收集、存储、分析、应用等各个环节，大数据的爆发式增长很有可能对国家安全和个人隐私带来潜在的危害，因此必须明确数据主权并构建相关法律制度；有人从国际视野出发，指出中国需要以"数据主权"核心诉求，推动建立"共享共治、自有安全"的全球网络新秩序。[2]不赞成数据主权提法的观点，主要是认为单纯强调数据主权可能会导致国与国之间形成对抗状态，不利于数字经济的发展，因此主张弱化数据主权概念，提出保障数据安全的核心是提升数据掌控和分析能力。我国不同视角下的数据主权对比如表5-1所示。

表5-1　我国不同视角下的数据主权

视角	观点
数据主权与国家主权的关系	数据主权关乎国家利益，是国家主权的重要部分
数据主权的来源	伴随云计算和大数据技术发展而来的数据主权，在大数据的爆发式增长时可能对国家安全和个人隐私带来潜在的危害，必须明确数据主权，并构建相关法律制度
国际视野	以"数据主权"核心诉求，推动全球网络新秩序
不赞成数据主权提法	单纯强调数据主权可能会导致国与国之间形成对抗状态，不利于数字经济的发展

5.1.2　云计算对数据主权的影响

通俗地讲，云计算、云存储就是指数据的处理和存储迁移到了互联网远端

[1]　曹磊. 网络空间的数据权研究 [J]. 国际观察，2013（1）.
[2]　沈逸. 网络时代的数据主权与国家安全：理解大数据背景下的全球网络空间安全新态势 [J]. 中国信息安全，2015.

的服务器集群上，用户无需再像以前一样购买固定的硬件系统来计算、保存数据，如图 5-1 所示。由于云计算、云存储的低成本性和灵活性，许多私营机构和公共部门如今更倾向于将其数据和信息系统都输送到云端。

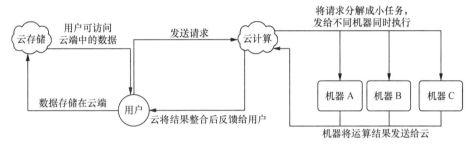

图 5-1 云计算和云存储示意图

虽然这些云服务产品提高了对数据的计算能力和存储能力，但是在云存储状态下，用户的数据所有权却与数据控制权分离开来。在云计算、云存储中，数据存取都通过网络实现，用户可以访问自己存储在云端的数据。但是，对数据的控制权却真正掌握在提供云存储服务的服务商手中，而云服务商往往在不同国家建立了不同的数据中心。这些数据中心可能位于数据主体所在的国家，也可能远离数据主体被设在境外，甚至部分网络公司为了降低成本或满足客户需求会将其提供的云服务部分外包。云物理位置的分散性，以及云存储、云计算中数据的流动性，使"国内数据"（domestic data）的定义越来越模糊，也为数据主权的界定带来了极大的争议。截至目前，并没有一个统一的国际协议来规定云服务中的数据主权问题，各国所依据的还是本国制定的各类数据保护法，这很容易引起各国在云数据主权上的混乱。

出于保护本国数据的目的，很多国家都对本国的数据管辖权进行了扩张，主张本国享有完全的数据主权。因此，面对同一数据，按照不同国家的法案，其归属权和管辖权有所不同，难免导致围绕各国司法管辖权而产生争议。例如，2013 年的一项关于毒品的调查中，美国政府发布搜查令，要求微软公司向美国联邦调查局（FBI）提供某用户的数据资料。然而，保存这些数据的服务器却不在美国境内，而是位于爱尔兰的都柏林。按照美国《云法案》[1] 的规定，无论数据的存储位置和创建地点在哪里，美国执法机构对服务提供商控制的任何数据都享有无限的管辖权。因此，美国政府有权调用存放在爱尔兰服务器中的数据。但是，这个决定与欧盟的《通用数据保护条例》（GDPR）产生了冲突。因为 GDPR 要求所有从欧盟公民收集数据的企业都必须遵守 GDPR 的规则。不过，GDPR 第 48 条也进行了规定："如第三国的法院、裁判所、行政机关要求数据控制者或数据处理者提供个人数据，则仅当该要求是基于国际协定时才有效。"因此，如果美国政府与爱尔兰签订了双边司法协助条约等国际协议，就有权要求微软向其提供存放在爱尔兰服务器中的数据。由此可见，云计算、云存储环境下双方各有法律依据但未达成共识的数据对数据主权造成了很大的冲击。

当前，越来越多的数据处理和存储设备由固定的硬件系统转变为"云"。谷歌、亚马逊、苹果等跨国公司，阿里巴巴、百度等国内公司，都推出了各自的云服务产品。随着这些云服务在更大范围、更多领域的使用，未来将会产生越来越多的云数据。可以想象，将来国与国之间围绕这些数据产生的争议也必不会少。如何解决这些争议，已成为非常紧迫的一项任务。

5.1.3 数据跨境流动对数据主权的影响

"数据跨境"这个概念最早出现在 1980 年，由经济合作与发展组织在个人

---

[1] 即《澄清域外合法使用数据法》（*Clarifing Lawful Overseas Use of Data Act*）。

数据保护的国际纲领性文件《关于保护隐私和个人数据跨境流动指南》中提出，其含义为"个人数据的移动跨越了国家边界"。之后，随着各国数据跨境流动制度的形成以及各类国际公约的发表，数据跨境流动不再只局限于数据的处理与运输跨越了国界，那些虽然被存储在境内但能够被其他国家的机构或个人访问使用的数据也被归纳进了跨境流动数据的范围。

早在1978年，由78个国家代表团参加的政府间信息局国际会议就发表报告，认为数据跨境流动"将国家置于危险境地"。雷蒙·弗农曾在《处于困境中的主权》一书中提到跨国公司对国家主权的影响："跨国公司在世界性生产结构中的地位对国家主权形成巨大威胁，跨国公司的挑战使国家主权的作用日渐式微。"这同样适用于数据跨境流动和数据主权。报告认为，数据的跨境流动为数据主体国家管理本国数据增加了难度，尤其当数据的流经国家不具备必要的数据保护手段时，流动的数据很有可能被第三方拦截、备份、修改、泄露，为数据主权的实现带来挑战。

事实上，在现实生活中，数据跨境流动的确给数据主权的维护带来了诸多挑战。数据流动是一个非常复杂的过程，涉及多个主体、多个场景，至少涉及数据的所有者、接收者和使用者，数据的起源地、运送地及目的地，信息基础设施的所在地，信息服务提供商的国籍及经营的所在地等。当发生跨境流动行为时，数据涉及的各方都可能主张本国完全的数据权利，很容易形成主权的交互重叠甚至冲突。另外，当前国际社会还没有形成数据跨境流动的相关法律与国际规则，数据主权在国际法中尚属空白，也导致因数据跨境流动产生的争议发生时缺乏相应的法理依据加以解决。

在这种背景下，国际社会对数据跨境流动也表现出了不同的态度，一些商业组织对推动数据跨境流动非常积极。例如，全球移动通信系统协会（GSMA）发布的《数字经济2017》指出，建立健全的隐私保护规则对数据跨境流动具有重要意义。20国集团工商界活动（B20）发布了《20国集团数字转型的关键议题》报告，强调应当以积极的心态看待数据跨境流动。各个国家则主要以加强监管的心态来看待数据跨境流动，而且各具特色，主要表现为美国思路、欧盟思路和俄罗斯思路。

之前，美国一直推行数据跨境自由流动，奥巴马执政时期还推动并主导建立了"跨太平洋伙伴关系协定"（TPP）。其核心原则是支持数据跨境自由流动，反对他国对数据跨境自由流动设限，反对他国的数据本地存储要求。但是，特朗普上台便宣布退出TPP，其政策走向还有待观察。

欧盟以充分性保护水平作为与域外国家数据跨境流动的基本要求。如果域外国家企业要实现与欧盟的数据跨境自由流动，则必须事先通过欧盟委员会或欧盟成员国的数据保护水平认证。欧盟可谓一直在高水平的个人数据保护规则和推动数据跨境流动之间寻求道德及利益上的平衡。

俄罗斯主要倾向于推动数据本地化存储，限制数据跨境流动。例如，规定"自网民接收、传递、发送和（或）处理语音信息、书面文字、图像、声音或其他电子信息6个月内，互联网信息传播组织者必须在俄罗斯境内对上述信息及网民个人信息进行保存"，还要求信息拥有者、信息系统运营方有义务将对俄罗斯联邦公民个人信息进行收集、记录、整理、保存、核对、提取的数据库存放在俄罗斯境内。

虽然数据跨境流动存在风险，但是必不可少，各国也在采取措施平衡风险。在数据跨境流动前对其进行安全评估是降低风险的举措之一。数据跨境流动安全评估方案如图5-2所示。

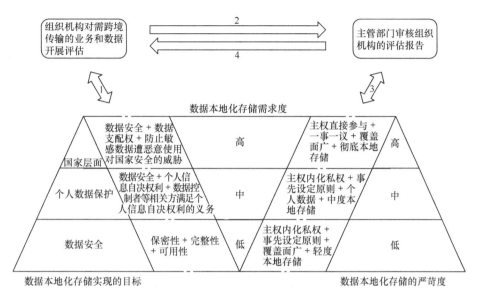

图 5-2　数据跨境流动安全评估方案 [1]

5.2　数据本地化

5.2.1　数据本地化的几种形态

在上一节中，我们提到了一个词——数据本地化。它是指出于本国公民隐私保护、国家数据安全或执法便利等目的，在国家内部收集、处理和存储有关国家公民或居民的数据。[2] 数据本地化措施的演变历程如图 5-3 所示。

棱镜门事件爆发后，为了维护国家数据主权、防止美国再次对他国数据进

---

[1]　洪延青. 在发展与安全的平衡中构建数据跨境流动安全评估框架 [J]. 信息安全与通信保密，2017（2）.

[2]　王融. 数据跨境流动政策认知与建议——从美欧政策比较及反思视角 [J]. 信息安全与通信保密，2018（03）.

行监控管理，俄罗斯、韩国、印度尼西亚等国家纷纷提出了数据本地化存储的主张，并出台了相关法律在本国推行本地化措施。综合各国的数据本地化形态，我们可按宽严程度将其分为四类。

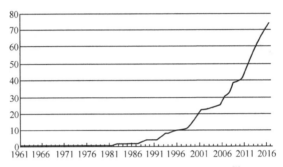

图 5-3　数据本地化措施的演变发展[1]

最严格的数据本地化形态为"完全禁止本国数据出境"。也就是说，本国的数据必须保存在本国境内的存储设备上，他国跨国公司要想进入本国市场，就必须在本国境内建立数据中心以存储本国公民数据。印度的数据本地化就呈现出这种形态，其出台的《个人信息保护法》就要求将政府机构和公民的数据都本地化，所有电子邮件服务提供者要为其印度业务设立本地服务器，所有在印度产生的数据要存储在本地服务器中。对于印度政府来说，这种数据本地化的形态是必要的。正如其信息技术部的一位官员所说："这既能够方便政府开展与数据有关的调查研究，又可以防范全球普遍存在的数据泄露事件的发生。"然而，对于像 Facebook、PayPal 这种想要大力发展印度市场的外国公司来说，这种数据本地化的形态就不是那么喜闻乐见了，因为这意味着企业成本的巨额增加，它们不得不在印度建立额外的其他基础设施来保存数据。

---

[1]　Martina Francesca Ferracane，Data Localization Trends，European Centre for International Political Economy，Presentation in Beijing，19 JULY 2016.

比印度的数据本地化形态稍微宽松一些的是俄罗斯、澳大利亚等国家采取的策略——"禁止本国特定数据出境"。呈现这种本地化形态的国家只要求特定类型的数据留存在境内。例如，俄罗斯针对本国公民的电子通信和社交网络数据进行本地化处理，澳大利亚针对医疗信息进行本地化处理，比利时要求将企业的会计和税务文件存储在纳税人办公地。

相比之下，欧盟和韩国的数据本地化措施更为开放。他们规定，只要数据满足了法律规定的条件，就可以自由出境。这就是数据本地化的第三种形态——"本国有条件数据出境"。目前，数据出境要达到的条件分为两种。一种是需要进行安全评估后方可跨国传输。例如，阿根廷的《数据保护法》就禁止将个人信息传输给没有足够安全防护能力的国家；欧盟的相关数据保护指令也规定，只有得到了当地法律保护或合同约束的数据，才能发送到欧盟之外的国家或地区。另一种是需要征得数据主体同意后方可出境。例如，韩国的《个人信息法》就规定，如果处理个人信息时要将个人信息传输至境外第三方，就需要通知并获得信息主体的同意；同样，马来西亚的《个人信息保护法》也指出，除非马来西亚政府同意，否则不允许个人信息转移到马来西亚境外。

当然，如果是与"数据境内备份"这个条件相对比，前文提到的"安全评估""政府同意"等要求就略显严格复杂了。因此，"境内数据中心备份出境"当属最宽松的数据本地化形态。也就是说，实施这种本地化措施的国家仅要求跨境数据在当地有备份，而并不对其跨境设立过多限制。这些国家其实是在用建立境内数据中心的方式保证数据的安全。例如，新西兰要求企业将跨境业务记录存储在本地数据中心，德国和法国也一直致力于推动境内企业将跨境数据存储在欧洲甚至本国境内的数据中心。

5.2.2 本地化能否实现数据安全

在斯诺登揭露了美国政府前所未有的大规模监听之后，许多互联网用户和政策制定者，尤其是欧洲的决策者，已经开始相信"数据储存在本地或本国境内将会更加安全"这种说法，但事实真的如此吗？

2018 年，印度出台的《个人信息保护法》可谓是最严格的数据本地化措施了，因为它要求所有在印度产生的数据都必须存储在印度的服务器或数据中心。印度政府认为这样就可以有效地保障数据安全，防止公民信息泄露，却被接二连三发生的国内数据库泄露事件狠狠打了耳光。Aadhaar 作为印度公民数据库，也是全球最大的生物识别数据库，其中存放着超过 11 亿印度公民的各类个人信息。虽然官方宣称其"由 13 英尺高和 5 英尺厚的墙壁保护"，但是关于其数据泄露的报道却一直层出不穷。2017 年 11 月，据外媒 IBTimes 报道，印度执法部门 RTI 发现有 210 多家政府网站在线曝光了存放在 Aadhaar 中的个人信息，包括公民姓名、地址、身份编号、指纹与虹膜扫描及其他敏感数据。2018 年 1 月，Aadhaar 再次泄露。印度 Tribune 报道指出，他们只需花费 500 卢比（约50 元人民币）就能在某个 WhatsApp 匿名群中获得一个访问 Aadhaar 数据库的账号。通过这个账号，他们就可以任意使用该数据库中的数据。例如，用其中的指纹、身份编码、虹膜扫描结果等打开公民的银行账户、注册公用事业，甚至申请并获得国家援助或经济援助。该匿名群还声称，如果客户再额外支付 300 卢比（约 30 元人民币），他们就能够获得打印虚假 Aadhaar 身份证的软件。要知道，Aadhaar 身份证可是每个印度公民独一无二的身份证明，其重要性并不亚于我国的居民身份证。2018 年 3 月 23 日，又有一封名为"秘密"的信件在

Twitter 上发布。该信件向印度公共服务中心的首席执行官发出声明称，有黑客通过 Aadhaar 数据库网站中存在的漏洞窃取了该数据库的大量数据。

发生在 Aadhaar 数据库的信息泄露事件告诉我们，数据本地化并不是保障数据安全的万灵药。因为数据能否得到更安全的保护，不取决于它是否存放在本国数据中心，而是取决于数据安全保护技术和安全监管能力的强弱。CGAP 在《关于数据本地化的 3 个神话》中就指出："无论数据是存储在本地服务器还是国外，数据的可访问性取决于系统正常运行时间和 Internet 连接。如果本地基础设施无法提供安全无漏洞的互联网环境和大多数数据中心所需的大量电力，则本地保存的数据可能更容易被泄露。况且，世界领先的云服务提供商的安全标准一般不太可能被国内的努力所超越。"美国国际贸易委员会（ITC）也在《跨境云计算的政策挑战》中指出："大型互联网公司在建立数据中心时所选的位置都可以保障充足的电力供应、高速的互联网连接，同时也配备强大的灾难恢复管理系统。而数据本地化提出的将服务器等设施地址选在指定地点的要求，可能让供应商选择一个不太理想的地点，从而会降低对目标市场安全等方面的服务。"

5.2.3 数据本地化的代价

如前所述，数据的价值在于流动，美国国际贸易委员会的报告表示，全球服务贸易的增长有一半依赖对跨境数据流的访问。麦肯锡发布的一篇报告也指出，在过去十年中，数据的流动使全球 GDP 增长了 10.1%，而像数据本地化这种数据流动的壁垒对企业的竞争力和创新能力都有不利影响，同时也会制约经济的发展。

一部分决策者认为，如果限制数据离境，推行本地化措施，那么跨国公司就不得不为了在本地发展业务而建立数据中心，这就会创造大量的就业岗位，自己的国家便可从中获利。但实际上，由于数据工作对业务人员的数据技术水平要求较高，再加上有部分数据工作可以依靠计算机来完成，因此新的数据中心能创造的就业岗位极其有限，并不能像预计的那样为数据来源国创造大量经济价值。相反，强迫跨国公司在数据来源地建立数据中心，而不是令其在最适合开展特定业务的地方建立相应的业务中心，既会抑制潜在生产力的增长，使公司的竞争力下降，也不利于公司采取最合适的手段保护数据。而且，数据本地化也使本国公司获得数据新思想的过程变得更加艰难，不仅会提高开发新产品的成本，影响企业的创新能力，严重的还会对本国公民带来伤害。例如，IBM 的沃森系统可以通过对医疗数据的分析造福人类的健康，然而一些国家的数据本地化政策却不允许本国公民的医疗数据与该系统相连接，因此，这些公民无法享受到最新的医疗技术成果，其身体健康受到潜在危害。

数据本地化还会对一国的经济发展产生影响。2014 年，美国国际贸易协会就从企业、贸易、工业三个层面研究分析了数据本地化政策给美国造成的影响。其报告显示，如果消除外国的数字贸易壁垒，美国 GDP 会增长 167 亿美元，达到 414 亿美元（0.1%～0.3%），七大数字密集型行业的工资会上涨 0.7%～1.4%。2015 年，利维坦安全小组也围绕"切断全球云服务造成的代价"这一主题展开了研究。结果显示，如果政府切断与成本最具竞争力的全球云服务提供商的连接，这些国家的公司可能需要购买巴西和欧洲的云服务，而这需要承担更多的花销。2016 年，国际治理创新中心（CIGI）和皇家国际事务研究所（Chatham House）分析了强制数据本地化等数据保护措施对巴西、中国等 8 个国家和地区的 10 个下游行业造成的负面经济影响。研究结果表明，数据本地化和数据流动壁垒使巴西的 GDP 下降了 0.1%，中国的 GDP 下降了 0.55%，欧盟的 GDP 下降了 0.48％，韩国的 GDP 下降了 0.58%。欧洲国际政治经济中心（ECIPE）也进行了相关研究，其在几项关键指标上的发现如表 5-2 所示。

表 5-2　数据本地化整体经济损失预估

国家和地区	GDP 损失	消费者福利损失	每位数据工作者的工资损失（月工资占比）	投资损失
巴西	-0.80%	150 亿美元	-20%	5.40%
中国		630 亿美元	-13%	
欧盟	-1.10%	1930 亿美元		5.10%
印度	-0.80%	145 亿美元	-11%	1.90%
印度尼西亚	-0.70%	37 亿美元		12.60%
韩国	-1.10%	159 亿美元	-20%	3.60%
越南		15 亿美元		3.10%

资料来源：欧洲国际政治经济中心。

5.3 数据跨境流动在我国

5.3.1　我国关于数据本地化存储的规定

数据本地化存储与数据跨境流动相对，是指一国政府制定政策或规则，限制数据流出国境。在我国现行法律体系中，对数据本地化存储的要求并非没有先例。2013 年国务院发布的《征信业管理条例》、2014 年卫计委发布的《人口健康信息管理办法（试行）》、2011 年中国人民银行发布的《关于银行业金融机构做好个人金融信息保护工作的通知》、2016 年国家新闻出版广电总局与工业和信息化部发布的《网络出版服务管理规定》等都对数据本地化提出了明确的要求。与上述限于具体部门或行业的规定不同，《网络安全法》统筹性地对数据本地化做出了一般性规定，受到国内外各界的广泛关注。

2017 年 6 月开始实施的《网络安全法》规定："关键信息基础设施的运营者在中华人民共和国境内运营中收集和产生的个人信息和重要数据应当在境内存储。因业务需要，确需向境外提供的，应当按照国家网信部门会同国务院有关部门制定的办法进行安全评估；法律、行政法规另有规定的，依照其规定。"这是我国第一次跨行业对数据本地化存储做出统一规定。

除此之外，我国现行的数据本地化存储的规定主要分布在金融、卫生、医疗及交通领域，如表 5-3 所示。

表 5-3　数据本地化存储的相关现行规定

规定名称	发布单位	发布时间	具体要求
《征信业管理条例》	国务院	2013 年	第 24 条　征信机构在中国境内采集的信息的整理、保存和加工，应当在中国境内进行
《地图管理条例》	国务院	2015 年	第 34 条　互联网地图服务单位应当将存放地图数据的服务器设在中华人民共和国境内，并制定互联网地图数据安全管理制度和保障措施
《人口健康信息管理办法（试行）》	卫计委	2014 年	第 10 条　不得将人口健康信息在境外的服务器中存储，不得托管、租赁在境外的服务器
《关于银行业金融机构做好个人金融信息保护工作的通知》	中国人民银行	2011 年	六、在中国境内收集的个人金融信息的储存、处理和分析应当在中国境内进行。除法律法规及中国人民银行另有规定外，银行业金融机构不得向境外提供境内个人金融信息
《网络出版服务管理规定》	国家新闻出版广电总局、工业和信息化部	2016 年	第 8 条　图书、音像、电子、报纸、期刊出版单位从事网络出版服务，应当具备以下条件：（三）有从事网络出版服务所需的必要的技术设备，相关服务器和存储设备必须存放在中华人民共和国境内
《保险公司开业验收指引》	中国保险监督管理委员会	2011 年	"三、开业验收标准"中的"（九）信息化建设符合中国保监会要求"规定：业务数据、财务数据等重要数据应存放在中国境内，具有独立的数据存储设备以及相应的安全防护和异地备份措施

（续表）

规定名称	发布单位	发布时间	具体要求
《网络预约出租汽车经营服务管理暂行办法》	交通部、工信部、公安部、商务部、工商总局、质检总局、国家网信办	2016 年	第 27 条　网约车平台公司应当遵守国家网络和信息安全有关规定，所采集的个人信息和生成的业务数据，应当在中国内地存储和使用，保存期限不少于 2 年，除法律法规另有规定外，上述信息和数据不得外流

目前，金融行业中另一项数据本地化立法草案是中国保险监督管理委员会在 2015 年 10 月发布的《保险机构信息化监管规定（征求意见稿）》。其中，第 31 条规定："数据来源于中华人民共和国境内的，数据中心的物理位置应当位于境内。"第 58 条还规定："外资保险机构信息系统所载数据移至中华人民共和国境外的，应当符合我国有关法律法规。"

在电信行业，据在华经营的外企反映，其在申请 ICP 备案或许可时，工信部门会要求该组织机构在中国境内设置服务器。这也在事实上构成数据本地化存储的要求。

5.3.2　由基因信息出境的案例说起

2018 年 10 月 24 日，科技部公布了对华大基因等 6 家公司及机构的行政处罚。原因包括华大基因旗下的华大科技与华山医院"未经许可与英国牛津大学开展中国人类遗传资源国际合作研究"，以及"华大科技未经许可将 14 万中国人基因大数据信息从网上传递出境"。

这是科技部首次公开涉及基因违法出境的行政处罚，但是基因数据跨境现象在我国已屡见不鲜。根据国家互联网应急中心的报告，自 2017 年 5 月起，我国共发现基因数据跨境传输 925 余次，涉及境内 358 万个 IP 地址，覆盖境内 31 个省

（市、区）。我国基因数据流向境外 6 个大洲的 229 个国家和地区，涉及境外 IP 地址近 62 万个。该中心还发现了疑似发生基因数据出境行为的境内单位有 4300 多家，其中生物技术企业、高等院校和科研院所、医疗机构分别占比 72%、19%、9%。

目前，我国适用"基因信息违法出境"事件的相关法律法规有《人类遗传资源管理暂行办法》《专利法》《网络安全法》和《个人信息和重要数据出境安全评估办法（征求意见稿）》。其中，《人类遗传资源管理暂行办法》规定，"凡涉及我国人类遗传资源的国际合作项目，须由中方合作单位办理报批手续。中央所属单位按隶属关系报国务院有关部门，地方所属单位及无上级主管部门或隶属关系的单位报该单位所在地的地方主管部门，审查同意后，向中国人类遗传资源管理办公室提出申请，经审核批准后方可正式签约"。《专利法》规定，"对违反法律、行政法规的规定获取或者利用遗传资源，并依赖该遗传资源完成的发明创造，不授予专利权"。《网络安全法》规定，"关键信息基础设施的运营者在中华人民共和国境内运营中收集和产生的个人信息和重要数据应当在境内存储。因业务需要，确需向境外提供的，应当按照国家网信部门会同国务院有关部门制定的办法进行安全评估；法律、行政法规另有规定的，依照其规定"。人类遗传资源既属于个人信息，又是国家重要数据，其存储和安全评估应当遵守该条款的规定。《个人信息和重要数据出境安全评估办法（征求意见稿）》规定，"个人信息出境，应向个人信息主体说明数据出境的目的、范围、内容、接收方及接收方所在的国家或地区，并经其同意""行业主管或监管部门负责本行业数据出境安全评估工作，定期组织开展本行业数据出境安全检查""网络运营者应在数据出境前，自行组织对数据出境进行安全评估，并对评估结果负责"。

这四部法律和规范分别从不同角度对遗传资源开发、利用机构的行为以及数据出境行为进行了规定。但是，从目前公开报道的有关对该事件的处理来看，似乎除了行政处罚以外未涉及其他。这体现了当前我国在数据跨境流动监管和执法方面的滞后与薄弱。事实上，基因作为不可更改、独一无二的生物特征，其数据跨境流动带来的危害不容小觑。早在 2016 年，《全球威胁评估报告》就已经将"基因编辑"列入"大规模杀伤性与扩散性武器"威胁清单中。所谓基因武器就是用 DNA 重组技术将本不致病的细菌变得可以致病，将可以用药物预防和治疗的疾病变得难以救治，甚至可以专为某特定种族研发只对其致命的病毒。每个种族都有自己特定的基因。有研究表明，人类 DNA 中 99.7% ~ 99.9% 都是相同的，剩下的 0.1% ~ 0.3% 的不同才是区分各个种族的关键。而每个种族基因中都会有特定的缺陷。在生物技术快速发展的今天，利用基因重组、基因芯片、细胞工程等技术来扩大某一基因缺陷并非危言耸听。因此，对于基因信息出境的行为，相关部门应该引起警惕，企业也应该提高认识，加强自律。

第 6 章

数据开放与保护：
全球在行动

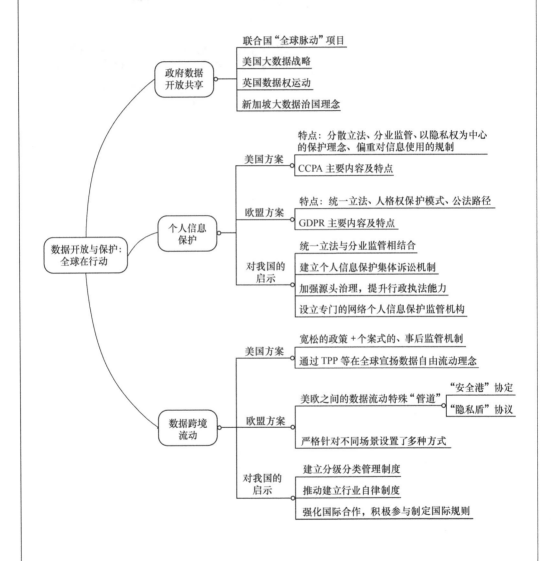

政府数据开放共享
- 联合国"全球脉动"项目
- 美国大数据战略
- 英国数据权运动
- 新加坡大数据治国理念

个人信息保护
- 美国方案
  - 特点：分散立法、分业监管、以隐私权为中心的保护理念、偏重对信息使用的规制
  - CCPA 主要内容及特点
- 欧盟方案
  - 特点：统一立法、人格权保护模式、公法路径
  - GDPR 主要内容及特点
- 对我国的启示
  - 统一立法与分业监管相结合
  - 建立个人信息保护集体诉讼机制
  - 加强源头治理，提升行政执法能力
  - 设立专门的网络个人信息保护监管机构

数据开放与保护：全球在行动

数据跨境流动
- 美国方案
  - 宽松的政策＋个案式的、事后监管机制
  - 通过 TPP 等在全球宣扬数据自由流动理念
- 欧盟方案
  - 美欧之间的数据流动特殊"管道"
    - "安全港"协定
    - "隐私盾"协议
  - 严格针对不同场景设置了多种方式
- 对我国的启示
  - 建立分级分类管理制度
  - 推动建立行业自律制度
  - 强化国际合作，积极参与制定国际规则

数字经济时代，世界各国政府充分认识到开放政府数据的战略意义，纷纷展开政府数据开放行动，包括联合国"全球脉动"项目、美国大数据战略、英国数据权运动、新加坡大数据治国理念。不过，随之而来的个人隐私保护问题也日益凸显，各国纷纷加强个人信息保护立法，基本形成了两种立法模式，即以隐私权为基础的美国模式和以人格权为基础的欧盟模式。美国模式的特点为分散立法、分业监管、偏重对信息使用的规制、注重产业利益等，欧盟模式的特点为统一立法、全面加强个人对信息的控制权、严格处罚机制等。

与此同时，国家之间、企业之间对数据资源的争夺日益激烈，数据主权面临严重挑战。美国实行宽松的数据跨境流动政策，并在全球推行数据自由理念，维护其数据霸权地位；欧盟通过白名单制度、标准合同、具有约束力的企业规章制度等设置非常严格的规制措施；很多国家和地区推行数据本地化政策。为了确保安全和发展的平衡，我国应在考虑国家安全因素的前提下借鉴欧美的规则模式，包括建立分级分类管理制度、设置灵活多样的数据跨境流动机制、建立行业自律制度。

6.1 政府数据开放共享

如果把数据比喻成钻石矿，那么政府便是最大的矿主。或许有人以为阿里巴巴、腾讯、谷歌、Facebook 等互联网巨头企业是大数据的开荒者和掌控者，事实并非如此，大规模数据收集与处理的先驱其实出现在政府领域。早在 19 世纪 80 年代，美国政府借助统计学家赫尔曼·霍尔瑞斯发明的电动机来读取卡片上的洞数，仅用一年时间就完成了原需耗时 8 年的人口普查活动，就此开启了政府进行大规模数据收集与利用的新纪元。20 世纪 30 年代，美国总统富兰克林·罗斯福为促进社会保障法的实施，推动了美国政府史上最雄心勃勃的数据收集项目之一，对美国 2600 万名企业雇员和 300 万名雇主的职员档案及人员记录进行采集。时至今日，政府已成为数据资源的最大持有者。由于政府可以强制、免费收集数据，未来政府累积的数据将更加庞大。

毫无疑问，政府掌控的数据蕴藏了巨大的经济和社会价值。但当下大多政府数据尚处于沉睡状态，价值并未得到充分的挖掘和利用。如何使这些沉睡数据被充分利用，成为国家治理及政府行政面临的新课题。随着大数据时代及数字经济时代的到来，技术持续突破，观念不断革新，人们逐渐意识到政府数据只有被充分开放、共享，让政府之外的主体也成为数据享用者，其价值才能得到充分彰显。

世界各国政府充分认识到开放政府数据的战略意义，一改过去的封闭态势，纷纷开展政府数据开放行动。例如，美国、英国、澳大利亚、加拿大、挪威、荷兰、印度等诸多国家政府都创建了"一站式"数据开放平台——Data.gov，以发布他们收集的数据；同时不断出台要求政府各部门进一步加强数据开放的政策措施，除了收集数据，还包括如何将数据转化为切实可用的信息产品以及知识。当然，政府数据的开放并非无边界、无限制。政府数据开放并不意味着将所有政府掌握的数据都向社会公众进行开放，数据开放必须以保障国家和公共安全、社会稳定为前提。对于那些涉及国家和公共安全、社会秩序、公共利益、商业秘密、个人隐私等敏感性及机密性数据的开放，必须施以合理、有效、可靠的规范和管制。因此，如何制定隐私和保密政策，进而寻求政府数据开放的边界，成为世界各国开展数据开放行动中面临的重要挑战。

6.1.1 联合国"全球脉动"项目

联合国秘书长执行办公室于 2009 年正式启动了"全球脉动"（Global Pulse）倡议项目，目的在于通过推动数据高效采集与数据分析方法创新突破，探索大数据技术服务于社会经济发展的解决方案及有效路径，进而推动大数据技术作为公共产品的研究、发展和利用，最终使大数据对全球可持续发展和人道主义行动发挥实质作用。其中，促进建立公私部门数据开放，形成数据开放共享伙伴关系，成为该倡议项目的重要原则和实施途径。该项目依托脉动实验室（Pulse Labs）研发强大的数据分析工具及方法，进而将其应用推广至更大范围。

2012 年 5 月 29 日，"全球脉动"项目发布《大数据开发：机遇与挑战》报告，阐述各国特别是发展中国家在运用大数据促进社会发展方面所面临的历史机遇和挑战，并为正确运用大数据提出了策略建议。该报告认为，世界正在经历一场数据革命。相对于上一代通过有限渠道生成的小体积的模拟数据，当今大量的数据通常通过不同的渠道，从不同的来源生成和流动，包括数字化生成、被动生成（人们日常生活的产品或与数字化服务交互生成）、自动化收集（系统能够提取和存储其正在生成的相关数据）、在地理上或暂时性可跟踪化（如移动手机定位数据）及持续分析。数据传播速度、频率和数据来源的增加，促使数据开发形成了"数据洪流"。

该报告还分析了大数据革命带来的挑战，这些问题在今天仍然是大数据发展所面临的基本困境。首先是隐私问题，隐私可能在许多情况下被泄露。例如，人们通过简单勾选一个选项，同意采集和使用网络产生的数据，但并没有完全意识到这些数据如何被使用或滥用。其次是数据开放共享存在诸多障碍，基于保护自身竞争力等原因，私人企业和其他机构并不愿意共享这些数据以及自身业务的数据。从公共或私人部门获取非公开数据，需要特定的法律确保通过可靠的机制访问数据集。此外，还有数据内部可比性和系统互操作性的技术挑战。因此，"全球脉动"项目提出"数据慈善事业"的概念，即企业主动以匿名方式向改革者提供数据集（去掉所有个人信息），以便从数据里挖掘出深刻的观点、模式和趋势性的数据。

6.1.2　美国大数据战略

美国作为大数据诞生的策源地与技术创新的前沿阵地，一直在全球居于领先地位。对于政府数据开放，美国同样是全球最坚定的倡导者和实践者之一。美国认为，数据是具有价值的国家资本，理应向公众及社会开放，进而充分实现其价值，而不是将数据深藏于政府内部。2012年3月，白宫发布"大数据研究和发展计划"，正式成立专门的"大数据高级指导小组"，提出以国家安全保障为核心，以科技与工程创新为抓手，全面提升美国从大规模复杂数据中提取信息和观点的能力。同年 11 月，美国公布多项研发政策，都与各级政府、私营部门、科研院所的大数据研究项目有关。2013 年 11 月，美国实施"数据 – 知识 – 行动"计划，为通过大数据改造国家治理模式、支持技术研发创新、培育经济增长点指明了具体的实施路径。2014 年 5 月，美国总统办公室提交《大数据：把握机遇，维护价值》政策报告，重点强调政府部门应当与私人部门展开数据开放共享、紧密合作，利用大数据共同降低发展风险。2018 年 12 月 21 日，美国众议院投票决定启用《公共、公开、电子与必要性政府数据法案》（又称《开放政府数据法案》），标志着美国政府在数据开放上又迈出了历史性的一步。它奠定了政府数据开放的两个基本原则：一是在不损害隐私和安全的前提下，政府信息应以机器可读的格式默认向社会公众开放；二是联邦机构在制定公共政策时应当循证使用。

除了加强顶层设计，美国政府还有很多重要举措。在政府投资核心技术开发方面，2011 年，国家科技委员会专门成立"大数据高级督导组"（Big Data Senior Steering Group，BDSSG），负责确定联邦政府当前需要开展的大数据研发任务；2012 年 3 月 29 日，美国奥巴马政府的白宫科技政策办公室发布"大数据研究与开发计划"，首批共有六个部门宣布投资 2 亿美元，用于本领域内先进工具与核心技术的研发和应用，共同提高收集、存储、保留、管理和分析海量数据所需核心技术的先进性。

在公共数据开放方面，作为美国"开放政府"承诺的关键部分，2009 年奥巴马政府依据《透明和开放的政府》推出统一数据开放门户网站——Data.gov，要求各联邦机构将需依法公开的数据和文件按照统一标准分类整合，上传至该网站，供用户集中检索，实现了政府信息的集中、开放和共享。为了方便公众使用和分析，Data.gov 网站还加入了数据的分级评定、高级搜索、用户交流和互动等功能。例如，运用 Data.gov 提供的白宫访客搜索工具，不仅能够搜索到访客信息，而且可以将白宫访客与其他微博、社交网站等进行关联，进一步增加了访客的透明度。

为了更方便民众使用，方便应用领域的开发者利用这些数据开发应用以满足公共需求或创业，Data.gov 汇集了 1264 个应用程序和软件工具、103 个手机应用插件。另外，Data.gov 还发布了政府 API 索引，使这些资源可以更易被找到和便于使用。通过开放 API 接口，Data.gov 让政府的信息和服务交付更加便捷，也让公众和企业家在构建更好政府、提升服务的过程中成为合作伙伴。美国政府也希望并鼓励公众（开发者、创业者和企业家）能够积极加入进来，成为这个进程的一部分。美国还和印度一道对 Data.gov 实行了开源，把代码托管到 GitHub 上以供各国的开发者使用或根据需要修改。通过构建 OGPL 平台，提供开源的政府平台代码，并允许任何城市、组织或政府机构创建开放站点，美国政府可以进一步推动数据开放行动进程。美国政府还成立了"数字服务创新中心"，开发了 Sites.USA.Gov 网站来帮助各机构建设即插即用型网站。同时，政府出台移动应用程序开发项目，帮助各机构对移动应用程序进行规划、测试、开发和发布，确保更加安全和高效。

6.1.3 英国数据权运动

英国既是大数据的拥抱者，也是政府数据开放的领导者和先行者。2010 年，英国时任首相卡梅伦便明确提出绘制英国开放政府和透明政府的蓝图。当年，英国政府公布了开放政府许可证、政府出版的作品的永久免费版权许可证，以及 data.gov.uk 公共部门数据集存储库，拉开了政府数据开放的历史帷幕。2011 年 9 月，英国正式启动了开放政府国家行动计划，以优化公共资源管理方案及完善公共服务为切入点，开展政府数据开放活动。2012 年 6 月，英国政府建立了一套对公共部门开放数据程度的评价体系，对各公共部门完成开放数据任务情况进行审计，以促进英国公共服务数据的开放性。2013—2015 年，英国启动第二个开放政府国家行动计划，将政府开放行动内容铺开至反腐败、信息基础设施建设，以及提高社会救助力度等领域，并制定了 21 条开放承诺为问责和约束提供依据。

现在，英国已成为世界上政府数据开放最成功的国家之一。2018 年万维网基金会发布的《开放数据晴雨表》显示，英国在政府数据开放方面的指数与加拿大排名并列第一，如表 6-1 所示。一份国际行业报告显示，英国政府通过大数据技术每年已节省约 330 亿英镑。目前，英国已开放了有关交通运输、天气和健康等方面的核心公共数据库。

表 6-1　2018 年全球开放数据晴雨表（来源：万维网基金会）

国家	总得分	就绪度	实施度	影响度	G20 成员
加拿大	76	86	87	55	√
英国	76	83	89	57	√
澳大利亚	75	79	84	62	√
法国	72	84	77	55	√
韩国	72	82	67	67	√
墨西哥	69	79	67	62	√
日本	68	78	68	58	√
新西兰	68	79	72	52	×
美国	64	79	76	37	√
德国	58	76	72	27	√

英国政府的数据开放之所以成功，在于其构建了完善的政府数据开放政策体系。目前，英国发布的政府开放数据相关政策主要包括《迈向第一线：更聪明的政府》《联合政府：我们的政府计划》《英国政府许可框架》《开放政府伙伴关系英国国家行动计划 2011—2013》《2011 秋季声明》《促进增长的创新与研究战略》《公共部门透明委员会：公共数据原则》《开放数据白皮书：释放潜能》《开放标准原则》《开放政府伙伴关系英国国家行动计划 2013—2015》《抓住数据机遇：英国数据能力战略》《G8 开放数据宪章英国行动计划 2013》《身份管理与隐私原则》《英国开放数据路线图 2015》《地方政府透明行为准则 2015》及《英国开放政府国家行动计划 2016—2018》。

这套政策体系并没有停留在纸上，而是发挥着具体的实践指导作用。首先，这套政策类型多样、系统性强、机制灵活，具体包括标准政策、许可政策、规划政策等多种类型，而政策制定主体既包括内阁办公室这种中央政府机构，也包括国家档案馆、财政部，以及商业、创新与技能部等多个机构，构成了多维、多方协同治理的格局，以保障政策落到实处。其次，这套政策注重连贯性，而不是采用运动式、急于求成的治理模式。因此，英国政府会基于之前的政策实施效果进行修改完善，每年循序渐进地制定延续政策，始终注意保持政策的可持续性。而且，这些政策并不是孤立存在的，全国性政策与地方政策遥相呼应、协同推进。再次，英国政府深刻认识到政府数据开放是关系国家整体治理的系统性工程。因此，数据开放政策覆盖面极为广泛，涉及法律制度、组织架构、数据理论、数据标准、隐私保护、人才培养及市场监管等多个方面。

同时，英国也加大了资金投入。英国在开启政府数据开放建设之初就投资了 8000 万英镑，用于鼓励个人或企业研究开放数据，谁研究出了成果，谁就可以申请基金奖励。很多英国民众都参与到了政府数据开放的建设中来。2012 年，英国投资 10 万英镑建立世界上首个"开放数据研究所"（ODI），以帮助产业界充分利用这些数据的开放所带来的机遇。2013 年 1 月，英国政府向航天、医药等八类高新技术领域注资 6 亿英镑，其中大数据技术获得了 1.89 亿英镑，是获得资金最多的领域。

英国非常重视对数据文化的宣传，走文化建设与技术发展相统一的道路。目前，英国政府已经成功举办了多场关于开放数据领域的展览，吸引全民参与开放数据建设。英国开放数据的良好局面，与政府对数据文化的宣传有着很大的关系。这说明只有让数据文化深入人心，公众真正了解政府数据开放，看到政府数据开放带来的好处，才会发自内心地支持和参与，促使开放过程更加顺利。

6.1.4　新加坡大数据治国理念

新加坡是实现政府数据开放的先驱国家之一。早在 2008 年，新加坡政府便提出了一项全国性计划——新加坡地理空间信息库（Singapore Geospatial Collaborative Environment，SG-SPACE）。新加坡多个政府部门与研究机构合作开发智慧地图平台 Onemap，计划将土地、人口、商业和公共安全数据统一整合到政府构建的数据中心，大幅减少公共部门采集、处理、管理地理空间信息的重复工作，系统推进空间数据的全面共享和流通，为社会公众及企业开放地理空间数据，以帮助其决策。基于 SG-SPACE 项目，政府部门为公众提供了学校、商业、交通及住房等众多可查询信息，让使用者随时搜索各种各样的地理空间信息。新加坡土地管理局（Singapore Land Authority）为基于位置的服务（LBS）

的企业提供了数据开放平台与 API 接口。新加坡陆路交通管理局通过开放交通数据，鼓励社会利用公共数据开发应用软件。目前，企业已经开发了 100 多项应用，涉及停车信息、公共厕所、野猫管理等公共服务。新加坡人力部发布一个全新互动网站，开放新加坡劳动力市场相关的官方数据，企业雇员及雇主均可参考该网站上的工资、雇用条件、员工规模及员工流动率等数据指标，为招聘应聘进行决策辅助。2011 年 6 月，新加坡政府便已正式启动政府共享信息平台 data.gov.sg，开放了来自 60 多个公共机构的 8600 个数据集，其中 50% 的数据是可机读的。

为了促进政府数据全面开放，新加坡采取了多方面的举措。

一是建立完善的数据开放法律制度保障体系。2012 年，新加坡公布了《个人资料保护法令》（*Personal Data Protection Act 2012*，PDPA），旨在防范对国内数据以及源于境外的个人资料的滥用行为，并成立了个人资料保护委员会，对不遵守《个人资料保护法令》的企业进行调查。新加坡还建立了严格、明晰、具体、可操作的数据开放标准及规则。

二是完善组织机构建设。新加坡资讯通信发展管理局（IDA）是推进政府部门大数据应用的主要机构。为了更好地实现大数据的广泛应用，IDA 的组织架构采用扁平化模式，将超出半数的官员派出至新加坡其他政府部门和机构充当联络人，大力推动政府部门之间的协作和沟通，使该行政部门看起来更像是 IT 企业。

三是积极引入大数据人才。新加坡为促进大数据等信息技术人才的引入，实施政府首席信息官制度，设立专门的高级官职以全面负责信息技术和系统，加强政府部门的数据资源管理。同时，新加坡开始聘用全球 IT 业及咨询业专家作为政府信息技术顾问。例如，2014 年新加坡聘请了埃森哲公司的首席数据分析师作为政府首席架构师，为大数据处理分析系统的技术路线提供总体规划和架构设计，推动政府数据智能化应用。

四是创新研发应用模式。为了激发大数据研发创新活力，新加坡政府很早便开始利用开源平台模式构建大数据分析系统的创新平台。例如，将大规模建设网络平台——RAHS平台对社会开放，高校、科研机构和其他社会组织均可依托RAHS平台进行二次开发，实现平台价值最大化。此外，为了鼓励公众使用政府数据，新加坡政府对数据进行可视化处理，开发了100多个App应用，体现了其高效创新的政府服务理念。

6.2 个人信息保护

6.2.1 全球数据保护立法聚焦个人信息保护

据联合国贸易和发展会议（UNCTAD）统计，截至目前全球有107个国家通过了数据保护相关的专门立法，其中有66个是发展中国家。从上述国家的立法内容来看，所有立法均针对个人信息保护。其法律要求超越了传统信息安全强调的CIA三性——保障数据完整性、保密性、可用性，更多强调了个人对其信息的控制权利，以及国家为保护个人控制权利应当采取的制度和措施。

虽然全球在数据保护方面已有丰富的立法实践，但法律的具体实施一直存在很大的困难，导致纯粹通过政府立法、传统式执法及个人投诉举报等方式难以有效保护个人信息。

一是个人信息的收集及使用行为无处不在。目前，数字经济主要依赖个人信息的处理，几乎没有哪一项生产、销售、消费活动不涉及个人信息。法律往往对个人信息的处理做出了详细规定，但实际的落实取决于处理个人信息的一方。政府有限的执法资源难以对各个接触、掌握个人信息的组织实施有效的监督，即传统的一家监管部门面对多家监管对象的模式难以奏效。例如，GDPR生效后，即使各成员国对其数据保护部门大幅增加了预算和人员，仍然难以应对监管需要。

二是个人信息的收集、使用行为具有很强的隐蔽性。目前，大量的个人信息收集行为难以被个人感知，组织对个人信息的使用更是处于"黑盒子"的状态。这两个特点造成的结果是个人（包括消费者组织）难以对处理其个人信息的组织进行有效监督，进一步导致了投诉、举报的片面或不完整，即传统的发动社会各界主动检举揭发的模式难以充分发挥作用。例如，是媒体调查爆料，而不是受影响用户的主动举报，才导致 Facebook 与剑桥分析公司共享数据的行为得以曝光。

三是个人信息的收集、使用正在融入组织运营的方方面面，成为组织赖以生存和发展的命脉。因此，当政府开展对某个具体问题的执法检查时，要摸清组织的个人信息处理行为的全貌，就需要耗费大量的人力、物力和时间；组织也需要花费巨大的成本配合监管。而且，目前数字经济的竞争越来越依赖个人信息的积累和开发。面对政府的监管时，组织自然会产生很强的抵触心理，采取各种手段掩盖和逃避。这些情况导致政府开展具体执法时需要耗费大量的资源。

个人信息收集和使用的这些特点造成了一系列的监督执法障碍，还进一步导致执法不均、不公的局面。执法机关为了克服上述障碍，很自然会进行选择性执法，即挑选具有典型示范意义的案件入手，现实中往往表现为"抓大放小"。该做法会导致大量中小企业的违法违规行为无人监管，同时造成大企业应付一轮轮监管的疲劳和抵触心理。所以，传统的执法监督模式已经难以适应目前个人信息保护的监管工作，急需从"技术对技术"的角度入手，创新监管手段。

6.2.2 美国方案：从《隐私法案》到《加州消费者隐私法》

在联邦层面，美国拥有近 40 部关于个人信息保护的法律。1973 年，美国卫生、教育与福利部的《录音、计算机与公民权利》（*Records, Computers, and the Rights of Citizens*）报告提出"公平信息实践法则"（Fair Information Practice Principles，FIPPs），确定了美国个人信息保护的基本原则。1974 年《隐私法案》是美国个人信息保护的综合性法律，明确规范了联邦政府机构处理个人信息行为。同时，美国根据不同领域的特点制定了各个领域的个人信息保护规范，如表 6-2 所示。

表 6-2 美国联邦层面个人信息保护的重要规范

年份	名称	主要内容
1973 年	美国卫生、教育与福利部的《录音、计算机与公民权利》（*Records, Computers, and the Rights of Citizens*）报告	提出"公平信息实践法则"，作为数据保护制度的基石，明确个人信息知情权、同意权和更正权等，成为 1974 年《隐私法案》的基础
1974 年	《隐私法案》（*Privacy Act*）	规范联邦政府机构处理个人信息行为，平衡公共利益与个人隐私保护
1984 年	《有线通信政策法》（*Cable Communication Policy Act*）	禁止闭路电视经营者在未获得用户事先同意的情况下利用有线系统收集用户的个人信息
1984 年	《电视隐私保护法》（*Cable TV Privacy Act*）	规定录像带销售或租赁公司消费者的隐私权利

（续表）

年份	名称	主要内容
1986 年	《电子通信隐私法》（The Electronic Communication Privacy Act）	不仅禁止政府部门未经授权的窃听，而且禁止所有个人和企业对通信内容的窃听
1996 年	《健康保险携带和责任法》（The Health Insurance Portability and Accountability Act）	规定个人健康信息保护规则，如只能被特定的、法案中明确的主体使用并披露
1996 年	《电信法》（Telecommunication Act）	规定电信经营者要保守客户的财产信息秘密
1998 年	《儿童网上隐私权保护法案》（The Children's Online Privacy Protection Act）	规范网站等运营者对 13 岁以下儿童个人信息的收集和处理行为
1999 年	《金融服务现代化法案》（Financial Services Modernization Act）	规定金融机构处理个人私密信息的方式

在州层面，大多数州都制定了关于个人隐私保护的法律。其中，加利福尼亚州因互联网公司集聚在隐私立法方面而一直走在前列。2018 年通过的《加州消费者隐私法》（California Consumer Privacy Act，CCPA），赋予了消费者更完整的个人信息控制权。

美国的数据保护监管机构是联邦贸易委员会（FTC），其消费者保护局主要承担保护个人数据的职责。大多数涉及网络隐私权的诉讼主要由《联邦贸易委员会法》第 5 节"商业诈欺"的规则来判决。美国更注重发挥互联网行业协会的作用，通过自我管理和指引，达到个人信息保护和行业发展的平衡。

美国对个人信息的保护具有以下特点。

第一，采取分散的立法保护模式。美国没有制定一部统一的个人信息法律，以避免立法过于集中。相反，它强调个人信息保护的灵活性，由此形成了三层保护策略：议会以立法的形式明确个人信息保护的基本准则与理念；不同的行政部门在执行个人信息保护法律的过程中，以制定行政规则或决定等方式解释法律所规定的准则；法院则通过个案以判例的形式，拓展个人信息保护的领域与力度。

第二，根据个人信息的具体内容进行分业监管，既有专门针对隐私的法律，也有在调整某事项时涉及隐私的法律；既有规范政府行为的法律，也有调整商业主体或医疗、教育机构等特定主体的法律。所涉及的范围极广，包括金融、医疗、教育、税务及通信等多个领域。

第三，专门保护特殊数据主体。对不同的数据主体进行有针对性的法律保护，是美国个人数据保护立法的一大特色。早在 20 世纪 90 年代，美国就相继出台了《健康保险携带和责任法》(1996 年)、《儿童网上隐私保护法》(1998 年)、《金融服务现代化法案》(1999 年)等多部专门性法律，分别针对病人、儿童和金融个人数据展开全面保护。

第四，坚持以隐私权为中心的保护理念。在权利保护方面，美国以隐私权保护为基础。隐私权是宪法层面的基本权利，各类个人信息保护成文法对个人信息保护的规定也大多以隐私权的形式存在。联邦最高法院通过一系列判例确立并发展了公民隐私权，隐私权保护的权利形态与范围也在不断地扩大并发生变化：从沃伦和布兰代斯式消极的"不受干扰的权利"，逐渐演进至具有积极意义的"信息隐私权"；从强调个人信息免于不当公开，到对自身信息被收集、处理以及使用等行为进行控制的权利。

美国的隐私权保护是以个人自由为理论基础的。美国在建国之初就把维护个人自由确立为宪法的核心价值，其在设计隐私权制度时主要平衡的是隐私权主体的隐私利益与他人的言论表达自由、知情权等利益的冲突。调整这种利益关系的主要手段就是公共利益规则的适用：凡是不涉及公共利益的个人隐私，受到保护；凡是涉及公共利益的隐私，或者不予保护，或者受到限制。这种基于个人自由对隐私权保护的理念，使对个人信息的保护本就是各种利益之间衡量后的妥协性保护。尤其是当隐私权与自由权产生冲突时，隐私权的价值就会被抵扣，权利范围就会被缩小。在美国的隐私权观念中，对于不能物理控制的隐私利益，如公共场合的隐私利益一直给予比较弱的保护。

这个理念集中体现在被遗忘权方面。不同于被遗忘权在欧洲蓬勃发展的局面，该权利在作为互联网大国的美国却举步维艰。究其原因，欧洲普遍认为个人信息控制是基本人权，增设被遗忘权恰好是加强个人信息保护的有效手段。但在美国，被遗忘权赋予公民删除网络上个人信息的权利，被认为是与美国宪法第一修正案第1条关于"国会不得制定剥夺言论自由或出版自由的法律"相违背的。同时，美国最高法院也认为，只要某一信息是合法取得的，国家就不能通过法律限制媒体传播该信息；即使信息主体因此而不适，否则便是对言论自由与新闻自由的严重践踏。

第五，偏重对信息使用的规制。纵观美国个人信息保护法，可知美国在个人信息保护理念上更加注重对个人信息的利用，而非收集。美国的《大数据与隐私报告》指出："虽然确实有一类数据信息对于社会来说是如此敏感，即使占有这些数据信息便可以构成犯罪（如儿童色情），但是大数据中所包含的信息可能引起的隐私顾虑越来越与一般商业活动、政府行政或来自公共场合的大量数据无法分开。信息的这种双重特征使规制这些信息的使用比规制收集更合适。"

2018 年，Facebook 数据泄露事件发生后，个人信息管理的缺失使美国两党、民众以及主要科技公司针对在联邦层面制定统一隐私保护立法达成共识。CCPA 就是在此背景下出台，并将于 2020 年 1 月 1 日起生效。CCPA 明显借鉴了《通用数据保护条例》的立法模式，顺应了世界个人信息保护立法潮流，将企业收集、储存、销售和分享消费者信息的若干控制权利授予消费者。但是，CCPA 依然保留了美国特有的个人信息保护特色，高度重视产业利益，进行权益衡量，探索美国的个人信息保护路径，其主要特点如下。

第一，CCPA 体现了美国建立个人信息保护统一标准的趋势。该法确立了适用各领域的统一规则和框架，明确了个人信息、数据主体、数据控制者等核心概念，统一授予数据主体权利，保障了数据主体对本人信息流转的控制。

第二，CCPA 强调了个人对个人信息的控制权。CCPA 明确指出，《加利福尼亚州宪法》将隐私权确定为全体人民"不可剥夺"的权利之一，赋予每位加利福尼亚州人法定且可执行的隐私权。个人掌握其个人信息的使用、出售的控制权利，对于保护隐私权具有基础性意义。CCPA 创建了一系列消费者个人信息权利：访问权，即消费者有权要求企业披露其收集的信息类别和具体内容；删除权，即消费者有权要求企业删除其所收集的任何个人信息；知情权，即消费者有权知道其个人信息被转移到何处，企业必须发布有关消费者的个人信息出售或披露的范围、流向、方式等。企业应尊重消费者选择不出售个人数据的权利，不得通过拒绝给消费者提供商品或服务，以及对商品或服务采取不同的价格、费率等方式歧视消费者。

第三，CCPA 对违规行为设定了较重的处罚。CCPA 规定，由于企业未履行个人信息保护义务，从而使个人信息遭受未经授权的访问和泄露、盗窃或披露，则消费者可以提起民事诉讼，企业会面临支付给每位消费者最高 750 美元的赔偿金，以及最高 7500 美元的损害赔偿金或实际损害赔偿金，以数额较大者为准。

6.2.3 欧盟方案：从若干指令到《通用数据保护条例》

尊重个人隐私保护是欧盟的传统。第二次世界大战期间，个人数据曾被纳粹用来清洗犹太人和迫害反纳粹人士，因此，欧洲人民对数据收集保持着高度的警惕。早在 1980 年，经济合作与发展组织就颁布了《保护个人信息跨国传送及隐私权指导纲领》，为个人信息保护及数据跨境流动提供了基本原则框架。1981 年，欧洲理事会各成员国签署了《有关个人数据自动化处理之个人保护公约》（108 号公约），旨在保护个人基本权利和自由，尊重个人隐私，促进数据自由流动。

各国法律要求的差异对欧洲互联网市场的发展构成了障碍。1995 年，欧洲议会及欧盟理事会通过了《关于个人数据处理及自由流通个人保护指令》（95/46/EC）（95 指令），为欧盟成员国个人数据保护确立了统一的最低标准，并成立了个人数据保护工作组（29 条工作组）。近年来，欧盟一直在不断完善个人信息保护方面的法律法规。在电信领域，欧盟于 1997 年通过了《电信业隐私权指令》，2002 年颁布了新的《电子通信隐私指令》，要求电信和互联网运营商采取措施，确保用户个人数据安全。

随着欧盟数字经济的发展，构建统一的欧盟数据市场，消除立法分歧带来的数据流动障碍，进一步加强个人信息保护，成为欧盟数据保护立法的迫切需求。但是，因各国需将 95 指令转化为国内法使用，其中留给欧盟各国较大的立法空间，导致各国数据保护依然存在诸多立法分歧。而且，各国法律程序和文化传统不同，欧盟内部并未形成统一的数据保护制度体系。

为了抓住数字革命带来的发展机遇，2015 年 5 月 6 日，欧盟委员会启动了单一数字市场战略（Digital Single Market Strategy），旨在通过一系列举措革除法律和监管障碍，将28个成员国市场打造成一个统一的数字市场，以繁荣欧洲数字经济。欧盟认为，隔离的市场对于抓住数字经济发展机遇不利，打造统一数字市场是增加欧盟国际竞争力的关键，而建立欧盟内部统一的数字市场需要以统一的数字立法为保障。2016年，欧盟通过了《通用数据保护条例》，一方面加强对个人信息保护，另一方面通过条例的形式建立数字时代欧盟统一的数据保护规则，消除因欧盟各国数据保护的差异而对数据流动造成的阻碍，努力实现个人信息保护与数据自由流动之间的平衡。2017年1月10日，欧盟委员会发布政策文件《打造欧盟数字经济》（*Building a European data economy*），启动"打造欧盟数字经济"计划。2018年4月25日，欧盟委员会发布政策文件《建立一个共同的欧盟数据空间》（*Towards a common European data space*），以促进公共部门和私营部门的数据开放共享等。2018年4月，NTT DATA旗下的咨询公司EVERIS发布《欧洲企业间数据共享的研究报告》，通过对欧洲31个国家6大行业的不同规模企业进行网上调查、现场采访、案例分析、召开研讨会等，找出欧洲企业间数据共享与再利用面临的障碍。

总体来看，欧盟的个人信息保护具有以特点。

第一，统一立法模式。在立法模式方面，欧盟采用统一立法模式，即制定一个综合性的个人信息保护法来规范个人信息收集使用行为，统一适用于公共部门和非公共部门，并设置一个综合监管部门集中监管。

第二，人格权保护模式。在权利保护方面，欧盟采取人格权保护模式，将个人信息视为公民人格和人权的一部分，上升到基本权利高度，按照一般人格权的保护路径进行严格保护，赋予用户知情权、查阅权、被遗忘权、删除权等一系列权利，严格规范网络运营者在信息收集、存储、使用、更改、流动、消灭等全生命周期的行为界限。

第三，采用公法路径。欧洲各国采取消费者法与公法规制进路为个人数据提供保护，而未创设一种私法上的个人信息权或个人数据权，更没有主张公民个体可以凭借个人信息权或个人数据权对抗不特定的第三人。从司法实践来看，欧盟也没有将个人数据得到保护的权利泛化为一般性的私法权利。例如，在2003年的一起案件中，针对奥地利立法机关做出的高级政府官员必须将其薪资告知审计机关的规定，欧盟法院并没有将高级官员的个人信息视为私法权利的客体，没有认为获取该个人信息的主体必须给予信息提供者补偿。相反，法院直接援引了《欧洲人权公约》第8条的隐私权规定，分析了相关当事人的权利是否受到侵犯。

2018年5月25日，GDPR正式实施，在诸多方面做出了重大变革，如赋予个人数据删除权和携带权、限制数据分析活动等，给予公民更多对个人数据的控制权，并要求企业承担更多数据保护责任，集中体现了欧盟的最新数据保护理念，其特点如下。

第一，首次增加"域外适用"情形。与95指令相比，GDPR首次增加了"域外适用"情形，主要体现为两种情况。一是在欧盟境内设立机构。如果数据控制者或处理者在欧盟境内存在设立机构，则无论其设立机构还是数据控制者或处理者本身，实施的任何与数据处理相关的行为都须符合条款规定。二是为欧盟境内数据主体提供商品或服务，以及监控其行为。这个规定包括两层内涵：一方面，数据控制者或处理者为欧盟境内数据主体提供商品或服务，无论这种行为是否涉及费用问题，都将受到GDPR规定的约束；另一方面，如果数据控制者或处理者的行为涉及对数据主体在欧盟境内公民行为的监控，则也须遵守GDPR规定。该条款大大拓展了GDPR的适用范围，使GDPR的影响辐射全球。

第二，采用"原则指引＋高额罚款"的策略。GDPR对个人信息的保护及监管达到了前所未有的高度，对个人信息设置了严格的保护标准。但是，GDPR未通过详尽的规则指南明确具体的行为标准，进行数据管控，而是通过"原则指引＋高额罚款"的策略促使网络运营商不断自我完善，最终真正承担起主体责任。一方面，GDPR的规则多以"原则、要求及其所达致的效果"为主，而非如何落实规则的详尽步骤和规范，如"采取措施确保……"为主体完善自身数据保护体系留下了许多行动空间。因此，企业可以根据业务特征和组织架构构建适合自身发展的数据保护体系。另一方面，GDPR设置了最高处以2000万欧元或上一财年全球营业额4%的高额行政处罚，给予网络运营商以真正触及痛点甚至关乎生死存亡的强烈威慑力和震慑力，增强其紧迫感。

第三，赋予公民广泛的个人信息权利，以实现数据全生命周期的可控。GDPR从个人权益出发，赋予用户查阅权、拒绝权、删除权、更正权、携带权及获得救济权等对数据全权控制的一系列权利，并要求各成员国将其提升到保护自然人基本人权和自由的高度，强调公民对个人信息从数据收集到删除全流程的控制权和决定权。一方面，扩展和完善原有权利。例如，扩大个人数据的范围，数字指纹（如IP地址和Cookie）也包含在内；知情同意权，"同意"必须是明确的同意，一般情况下是"声明或明确的肯定行动"，而且可随时撤销；要求数据控制者向数据主体提供更详细的与数据处理相关的信息。另一方面，赋予了数据主体以新的权利——数据删除权和可携带权，增强数据主体对个人数据的控制。同时，GDPR还赋予个人针对数据分析活动的一些特定权利，包括不受自动化数据处理结果约束的权利、反对数据分析的权利。

第四，由隐私权保护升级为个人数据保护权。95指令主要保护隐私权，而GDPR主要规制个人数据保护权，包括知情权、访问权、修正权、被遗忘权（删除权）、限制处理权、可携带权和拒绝权七个方面。其中，被遗忘权和可携带权是95指令所没有的。相对于传统隐私权保护，个人数据保护权提供的保护更全面，不仅限于个人不愿公开的私密信息，还包括年龄、职业等非私密信息；对隐私权的侵害一般采取事后救济，而对个人数据权的保护需要事前事后相结合。

第五，首次增设"被遗忘权"提法。GDPR第17条提出了"被遗忘权"，其核心含义是指数据主体认为其个人数据没有必要被处理，或以非法的方式被处理时有权要求数据控制者删除其数据，并不得有不合理的延迟。被遗忘权赋予了数据主体更多的个人信息自决权，实实在在地扩展了数据主体的权利。

这个概念最初引发了很大的争议，美国和欧盟存在严重的分歧。直到2014年，西班牙公民冈萨雷斯向谷歌西班牙公司提起诉讼，要求删去谷歌搜索结果中关于自己欠钱的两篇新闻报道，理由是自己已经还清了欠款。经过多方上诉和多轮讨论后，欧盟法院最终裁决称，被遗忘权是人权的一部分，要求谷歌删除冈萨雷斯的新闻。从此，被遗忘权的重要性得到了确立。但是，删除数据不像电脑上按一下删除键那么简单，整个过程并不清晰且易于执行。尤其是对于一家大型公司来说，用户信息往往分布在营销、销售、客服乃至财务和供应链等多个系统中，甚至还会存在于一些本地文件中。一旦需要把某个用户的数据完全删除，就必须要依靠一套数据同步机制以确保删除没有遗漏。从目前来看，这是非常困难且成本高昂的操作，也是科技巨头们非常抗拒GDPR的原因之一。

第六，设立完善的数据保护监管机制。一是独立的监管机构。欧盟要求每个成员国都应建立一个或多个负责监督数据保护规则执行情况的独立行政机构，以便保护数据主体在数据处理方面的基本权利与自由，并促进个人数据在欧盟内部的自由流动；如建立多个监督机构，则应指定一个作为在欧盟数据保护委员会的代表机构。每个监督机构行使权力应不受任何外界影响，保障独立的人事任命权和财产权，配备有效执行任务和行使权力所必需的人力、技术和财务资源、场地和基础设施，并有能力在本成员国的国土内执行分配的任务，行使欧盟赋予的数据保护权力。二是一站式监管机制。对于向欧盟不同成员国提供业务的企业或在不同成员国设立机构的企业，主要办公机构或唯一营业机构的监管机构为主监督机构，对企业的所有数据活动负有监管责任，其效力辐射于全欧盟境内。同时，主导监管机构的监管决定要最大程度上反映其他成员国监管机构的意见。如果不能达成一致意见，则交由欧盟数据保护委员会来处理。三是组建欧盟数据保护委员会，作为具有法人资格的欧盟机构。委员会由每个成员国的一个监督机构的主管、欧盟数据保护监督组织的主管或其各自的代表构成。欧盟委员会应指定一位代表参与数据保护委员会的活动，并列席数据保护委员会会议。欧盟数据保护委员会通过明确数据保护规则执行程序、标准，审查成员国或组织的违法违规行为，促进监管机构合作等，确保欧盟数据保护规则的一致性和有效执行。

第七，建立了完善的救济机制。一是企业内部问责制度。欧盟要求企业建立内部问责机制，履行数据保护义务。二是行政投诉机制。各成员国数据监管机构建立了数据主体的投诉渠道，如果任何数据主体认为与其相关的个人数据的处理违反了本条例的规定，则该数据主体有权向其常住地、工作地或违规行为所在的成员国监督机构进行申诉。实施"一站式"投诉服务，以便处理数据主体在欧盟内的跨境投诉，欧盟数据保护委员会协调处理消费者的投诉。三是司法救济。如果不服监管机构做出的决定或对监管机构的不作为不满，数据主体可寻求司法救济。司法救济的权利可以由消费者机构代表数据主体行使。如果一个以上的数据控制者或处理者涉及侵权，则共同承担连带责任，除非其能证明自己对损害的产生没有责任。

GDPR 的实施将会使企业经营业务受到一定限制，举例说明如下。

（1）限制企业之间的合作形式。对于云计算业务，GDPR 规定了云服务商和云客户之间的权利义务配置。为了实现对数据安全的全面保障，GDPR 要求数据控制者（云客户）和数据处理者（云服务商）承担同等数据保障责任；如果没有数据控制者授权，数据处理者不应再委托其他数据处理者；对于涉及补充或替换其他数据处理者的变动，数据处理者都应当告知数据控制者，数据控制者有权反对变更。在此要求下，目前市场上云服务的集成、转售业态都将面临业务风险。同时，这意味着得不到上层应用的书面通知，底层的基础设施和平台就不能对数据进行处理。例如，PaaS 平台发展任何一个用户，开发任何一个应用，都必须事先征得 IaaS 厂商的同意。这条规定在目前云服务场景中很难实现。

（2）挑战企业的运营模式。利用收集和掌握的大量用户个人信息，通过对用户行为的分析产生直接（如精准广告投放）或间接（如根据行为进行画像来提供一些更精准、个性化的服务）的收益，这是目前很多国内互联网企业的盈利模式。GDPR 赋予了欧洲公民可以拒绝企业利用收集到的个人信息进行自动判断和决策的权利。这种拒绝权可能导致企业在欧盟不能利用个人信息进行用户画像和自动推荐等，给很多强调用户体验和个性化服务的大数据企业及互联网企业带来了商业模式上的冲击。

（3）导致技术发展资源的获取更困难。对于人工智能，作为其核心技术的深度学习需要通过收集海量数据才能不断成熟，进而智能分析并得出结论。根据 GDPR，网络运营者收集用户数据需满足严格的条件，并且必须满足用户删除数据的要求。没有用户数据信息或收集的用户信息不全面，势必影响到人工智能的分析结果。

6.2.4　对我国的启示

近年来，违法违规收集使用个人信息的问题频发，网络运营者以"一揽子协议"强迫用户同意、隐秘收集、诱骗收集及非法出售个人信息的行为十分猖獗。2017 年全国人大常委会的"一法一决定"执法检查"万人调查报告"显示，有49.6% 的受访者曾遇到过度收集用户信息的现象。许多受访者反映，当前免费应用程序普遍存在过度收集用户信息、侵犯个人隐私的问题，但几乎没有受到任何监管和依法惩处。

目前，我国个人信息保护制度还不健全，而美国模式和欧盟模式作为全球个人信息保护的两大方案，为我国个人信息保护提供了可参照的范本。因此，我国应结合实际，充分借鉴美国模式和欧盟模式的制度优点，构建完善的个人信息保护体系。

第一，统一立法与分业监管相结合，充分发挥各自的优势。目前，个人信息保护的相关规定主要散布在网络安全法律法规和各个部门法之中，主要规定还停留在"知情－同意"基本要求的原则性规定上。《网络安全法》也仅搭建了基本制度框架，具体实施细则和落地措施规定不明，给执法守法留下了很大的模糊地带和灰色空间。《电信和互联网用户个人信息保护规定》等部门规章和规范性文件的层级较低，且停留在某一个行业和领域，缺乏整体设计和系统规范，导致各行业领域、数据保护各阶段制度建设发展不平衡，甚至要求标准不一致。我国应顺应国际趋势和惯例，尽快制定专门的个人信息保护法，以明确规定个人信息的含义，进一步确立个人信息权，确立国家机关和非国家机关等各类数据控制和处理主体收集、利用和处理个人信息的基本原则，明确线上线下及数据跨境传输过程中的各类个人信息采集和使用的方式、范围与标准，理清各主体之间的数据权属关系和交易规则，为个人信息保护提供明确的救济途径、保护程序，与有关法律法规做好制度衔接，构建完整、动态、协调的制度体系，有效平衡安全与发展的关系，为我国个人信息的利用和保护构建系统化、整体化的解决方案；同时，吸收分业监管的优势，各行业主管部门根据本行业的特征，在特定领域和特定情形中赋予个体以具体的个人信息权益，明确个人信息保护要求。

第二，建立个人信息保护集体诉讼机制，为个人提供更多的救济渠道。现代信息社会中个人与网络运营者的技术能力差距很大，造成公民个人信息保护举证困难、维权困难。单一个体或消费者很难对信息收集者与处理者进行监督，而各类公益组织和政府机构可以成为消费者集体或公民集体的代言人，对个人信息保护进行有效监督。我国的个人信息法律保护不仅应当推动公法制定进程，还应当重视消费者权益保护。一是修订《消费者权益保护法》，明确个人可通过集体诉讼方式向侵犯其个人信息权益的网络运营者索要赔偿。二是成立个人信息保护委员会，对网络运营者的个人信息保护工作进行社会监督，统一受理个人信息保护侵权投诉，针对企业在个人信息保护方面的一些不当行为提起公益诉讼。

第三，加强源头治理，提升行政执法能力。近年来，对个人信息保护的举措主要集中在对相关犯罪的刑事打击，《刑法修正案（七）》和《刑法修正案（九）》不断加重对个人信息违法犯罪的打击力度，但是民事和行政保护力度严重不足，重末端治理、轻源头治理，仅以威慑力压制，而无规则指引，导致违法犯罪依然屡禁不止，良好的秩序和生态环境难以形成。一是强化对数据收集、存储、使用等行为的监督检查力度，督促指导企业加强数据安全管理。二是建立以风险控制为导向的监管方式，采取"多元化策略 + 外部认证监督"的方式，由网络运营者根据保护用户信息安全的需要设定多元化的权利保障政策或措施，政府根据评估认证结果对内部政策及制度是否合规进行外部监督。三是培养企业对数据安全保护的战略意识，将数据安全保护作为企业占有市场和增强用户粘性的战略举措，把数据安全融入业务发展的各个环节，同步设计、同步建设、同步更新，变被动为主动，逐步培养起安全与发展并重的良性大数据产业生态环境。

第四，设立专门的网络个人信息保护监管机构。GDPR 充分发挥监管机构在数据保护中的作用的做法非常值得我国借鉴。我国也可以单独设立一个网络个人信息监管机构，统一对个人信息保护进行统筹协调，统一行使执法权限。尤其需要明确监管机构在个人信息保护各个环节所拥有的职责权利和义务划分，并严格执法流程。机构和企业也应该设立数据保护官，按照"谁管理谁负责"的原则，专门负责本单位的数据保护工作。同时，我国也可考虑对违规企业采取高金额处罚的方式，增加违规成本，促使机构和企业能自觉自愿地加强对个人信息的保护。

 6.3 数据跨境流动

大数据时代，数据成为人类社会生存和发展的基础性战略资源，深刻影响着国防军事能力、经济运行机制、社会生活方式及国家治理能力，国家之间、企业之间对数据资源的争夺日益激烈。各国政府和企业对数据资源的价值与意义已经形成共识，新一轮大国竞争在很大程度上是通过大数据增强全球影响力和主导权。

6.3.1 美国方案：服务于贸易的宽松政策

受贸易利益驱动，美国推行宽松的数据跨境流动政策，在确保国家安全利益的前提下最大程度地促进数据自由流动。同时，美国建立了个案式的事后监管机制，对联邦政府的重要数据采取较为严格的管理措施，在投资、采购等方面及环节予以限制，提出数据本地化要求。例如，《国防部采购条例补编》要求"不得将为联邦提供云计算的服务器设于本土大陆之外"，即除非有官方另行授权，云计算服务提供商需要确保其服务器位于 50 个州、哥伦比亚特区或偏远地区的美国境内。当承包商被允许在美国境外保存政府数据时，缔约官员应向承包商提供书面通知。此外，美国通过安全审查等方式满足特定情形下的本地化需求。例如，在外国投资安全审查中，美国通过与外国投资者签订协议的方式控制数据流动。

在国际上，美国通过 TPP 等在全球宣扬数据自由流动理念，防止其他国家对数据的严格控制。具体条款主要在第 14 章——电子商务。TPP 第 14 章第

11 条要求：出于商业所需时，各方应当允许数据（包括个人信息）的跨境流动；但是，各方为实现正当的公共政策目标，可采取限制措施，只要这样的措施不构成恣意、无正当理由的歧视，以及超过实现政策目标所需。第 13 条要求：各方不应当将使用境内的计算设施作为在其境内开展商业活动的条件之一；但是，各方为实现正当的公共政策目标，可采取限制措施，只要这样的措施不构成恣意、无正当理由的歧视，以及超过实现政策目标所需。其中提到的"计算设施"显然包括数据中心。把上述两条内容合起来解释，就是如果没有正当的公共政策目标，不得限制数据跨境流动，而且不得强制在本地存储数据的副本。

2017 年 1 月 23 日，美国总统特朗普签署了上任后的第一份行政命令，正式宣布美国退出 TPP。奥巴马执政期间，美国在数据流动方面的政策主张是希望能够建立确保数据自由流动的国际经贸规则。特朗普退出 TPP 的举动引发了业界对美国是否坚持奥巴马时代的数据跨境流动政策的猜测，一些公司甚至已经考虑重新修订个人数据保护制度以适应未来的趋势。然而，退出 TPP 是否意味着美国有限制数据跨境自由流动的趋势，仍有待观察。

6.3.2 欧盟方案：寻求个人信息保护与数据自由流动的平衡

欧洲委员会（Council of Europe）是世界范围内最早对个人数据跨境流动进行规制的区域性组织之一，建立了较完善的数据流动规则。先后通过了 108 号公约、108 号公约附加议定书、95 指令，GDPR 最终确立了欧盟数据跨境流动管理方案。

108 号公约是首个关于数据保护的有法律约束力的国际公约，也是欧洲首个针对数据跨境流动进行规定的法律文件。公约原则上促进数据自由流动，禁止仅因保护本国公民个人隐私而对个人数据的跨境流动进行限制。只有在两种例外情况下可以限制：一是在因个人数据自身性质而需要特别保护的情况下，数据进口方必须达到与出口方同等的保护水平；二是数据进口成员国为了规避数据保护监管，将其引入的个人数据转移至另一非成员国，出口成员国可以禁止数据输出。

欧洲委员会于 2001 年通过了《108 号公约关于监管机构及跨境数据流动的附加议定书》。相比 108 号公约，该附加议定书对个人数据跨境流动的保护理念发生了重大变化，原则上不得将个人数据转移给任何非成员国或组织，除非该国或组织能够对将要转移的数据提供适当的保护，或以保护数据主体的合法权益、公共利益为目的。

欧盟意识到抓住数字经济发展机遇至关重要，提出要打破数字经济壁垒，建设内部单一的数字市场。但是，欧盟现有的一些法律制度对此构成了阻碍，各国数据保护水平的差异不仅影响了数据保护的实施效果，也阻碍了数据在欧盟内部的自由流动。因此，95 指令在个人数据跨境流动中对个人数据进行全方位保护，建立了较高的统一数据保护标准。为平衡个人数据保护和数据自由流动的矛盾，95 指令设立了一套内外有别的规制制度。对于个人数据在欧盟内部成员国之间跨境流动的情况，兼顾保护个人数据和促进个人数据自由流动，95 指令既要求成员国达到充分性保护要求，确保个人数据在跨境流动中的基本权利，又要求成员国不得以保护个人数据权利为借口限制个人数据跨境自由流动；而对于个人数据从欧盟成员国向第三国流动的情况，原则上禁止成员国作为数据输出国向未达到欧盟个人数据保护水平的第三国进行数据转移，除非涉及国家安全、公共利益等例外情形，并通过"适当的合同条款"等变通方式来增强制度的灵活性。

近年来，各国对数据的依赖程度快速上升，争夺日益激烈，维护数据主权成为国家主权的重要内容。2013年，斯诺登披露，包括谷歌和微软等在内的科技、金融及制造业企业都与美国NSA、CIA和FBI等情报机构保持着紧密的合作关系，向其提供个人敏感信息。因此，欧盟急需完善原有95指令规定的数据跨境流动的相关规则，以有效维护数据主权。GDPR在95指令模式的基础上进一步完善了跨境数据管理举措，数据控制方和处理方都要遵守欧盟数据保护规则，对内通过统一制度标准确保所有成员国遵守数据保护规则，对外禁止个人数据流向不符合95指令标准的第三国。同时，欧盟在一定程度上兼顾数据的自由流动，采取了一系列消除限制数据跨境流动的一切不合理障碍的措施，如"适当的合同条款"和"约束性企业规则"，以克服同一法律规制的局限性，增强了制度的灵活性。欧盟数据跨境流动的主要方式说明如表6-3所示。

表6-3 欧盟数据跨境流动的主要方式

通过方式	适用情形	相关要求
白名单机制	一般情况	通过审查确认进口方所属国达到欧盟数据保护要求
采用标准合同	如果进口方所属国未达到欧盟数据保护要求	采用欧盟颁布的标准合同文本
制定具有约束力的企业规章制度	企业内数据的跨国流动	通过欧盟数据监管机构的审核
为保护公共利益、个人合法权益等	例外情况	例外情形受到严格限制

（续表）

通过方式	适用情形	相关要求
经批准的认证机制、封印或标识	公共机构之间的数据转移活动	相关机制获得批准
成员国对某些特殊情况做出的另行规定	特殊情况	包括数据主体已给予明确同意，而数据传送又是偶尔为之，且对于合同或法律索偿来说是必要的，涉及公共利益的重要理由要求进行数据传送等

虽然欧盟数据跨境流动的要求严格，但其针对不同场景设置了多种方式。

第一，白名单机制。欧盟公民的个人数据只能向那些已经达到欧盟数据保护要求的国家和地区流动，如果欧盟委员会已确认第三国或国际组织可以提供充分的保护，则可向其转移个人数据，不要求任何特定授权。审查标准参照欧盟数据保护要求，主要考虑相关法律规定及其落实情况，对人权和基本自由的尊重、相关的普通法和行业法，是否存在独立监督机构以确保数据保护规定的遵守及其执行等隐私。此外，第三国应承诺其提供了与欧盟同等程度的数据保护，包括具有独立且有效的数据保护监管、行政和司法救济机制，以及与成员国数据保护机构的合作机制。欧盟对通过审查的国家进行定期评审，评审至少每四年进行一次。目前，除了欧盟成员国以外，只有加拿大、阿根廷、瑞士等少数国家达到标准。

第二，采用欧盟委员会通过的标准数据保护条款或经监督机构认可的合同条款。如果进口方所属国未达到欧盟数据保护要求，数据出口方和进口方可以通过采用标准合同条款达成协议，确保离开欧盟的个人数据以欧盟的数据保护标准进行处理。实施这项机制，应确保第三国符合数据保护要求，并维护数据主体对欧盟境内所作数据处理享有的适当权利。

对于适当的合同条款内容，欧盟委员会于2001年、2002年和2004年颁布了三个标准合同文本，针对欧盟境内的数据控制者和境外的数据控制者之间、欧盟境内的数据控制者和境外的数据处理者之间的个人数据跨境流动进行规制。标准合同文本的出现，为不同制度下的个人数据跨境流动所涉及的复杂法律问题提供了有效的解决方案，在充分保护个人数据权利的前提下促进个人数据在各国之间的自由流动，并且为国际贸易中涉及的个人数据跨境流动提供了一个相对宽松且安全的替代性解决方案。不仅如此，适用标准合同文本对个人数据跨境流动进行保护，还可以降低数据转移成本，促进个人数据跨境流动规则的融合与统一。

第三，制定具有约束力的企业规章制度。如果企业自身的规章制度中对个人数据流动的保障措施达到了欧盟数据保护的充分性标准，欧盟数据保护机构可以授权其处理欧盟的个人数据。以这种方式得到授权的企业必须通过欧盟数据监管机构的审核。一是申请欧盟境内数据监管机构作为其主管机构。企业自行拟定关于约束自身的数据跨境流动和个人数据保护规则草案，申请欧盟境内某一成员国中有资质的数据监管机构作为其主管机构，经同意后向其提交规则草案。二是通过欧盟数据监管机构审核。申请企业在主管机构的指导下修改规则草案，并在完成后提交给其他成员国数据监管机构以征求意见。主管机构根据反馈意见确定规则草案的最终版本，提交其他成员国的监管机构进行确认后，约束性企业规则获批生效，报送欧盟数据保护工作组进行备案。三是执行严格的监督机制。申请企业定期对其落实情况进行内部审核，并由经认证的审核机构实施外部监督，将相关的内外审核情况向数据管理机构进行报备。数据管理机构也可以自行或指定独立机构对企业的数据保护情况进行审核。同时，申请企业应提供合理的配套争议解决机制，并在必要时请求数据管理机构介入此类程序。

第四，为保护公共利益、个人合法权益等例外情况。为了数据主体的生命安全，保障公共利益、法律权利及合同执行等，可以向非欧盟成员国传输数据，但这些例外情况受到了严格的限制。一是为公共利益进行的数据跨境流动，例如，竞争监管部门、税务机关或海关之间，金融监管部门之间，社会保障服务机构之间，或为了公共卫生进行的国际数据交换。二是如果某一权益事关数据主体或其他人的切身利益，包括人身安全，即使数据主体不具备给予同意的能力，也可进行数据传送。三是为了完成《日内瓦公约》规定的任务或遵守适用于武装冲突的国际人道法的规定，可向国际人权组织传送此等个人资料。四是数据控制者合法权益优先。针对控制方所追求的重大迫切的合法权益优于数据主体的权益与自由，且控制方已对数据传送涉及的所有情况做出评估时，可进行仅涉及有限数据主体的、不重复的数据传送。

第五，经批准的认证机制、封印或标识，包括获得批准的认证机制，以及第三国控制方或处理方为应用相应保障措施而做出的、有约束力且可强制执行的承诺。鼓励建立数据保护认证机制和数据保护印章标记，证明控制方和处理方的数据处理操作遵守欧盟数据保护要求。认证应为自愿认证，并可通过透明的流程获得。此类情形主要适用于公共机构之间的数据转移活动。行为准则与认证机制是引入的新型的合规机制，以最大化发挥第三方监督与市场自律作用。

第六，成员国对某些特殊情况可以另做具体规定。授权成员国对在特殊情形下进行数据传送的可能性做出具体的规定。一是数据主体已给予明确同意，而数据传送又是偶尔为之，且对于合同或法律索偿来说是必要的。二是欧盟或成员国法律因公共利益而要求进行数据传送，或依法建立的登记册会提供信息供公众或拥有合法权益的人士查阅。

此外，如果政府当局或组织之间具有法律效力且可强制执行的文件，也可不经授权而进行跨境流动。同时，经过根据主管监督机构的授权，在以下两种情况也可提供保障措施：一是控制方或处理方与第三国或国际组织的接收者之间的合约条款；二是政府当局或组织之间行政管理安排的规定，包括可强制执行的有效数据主体权利。

根据欧盟 95 指令和 GDPR，只有当第三方国家通过欧盟认可达到为个人数据提供充分保护的要求时，才允许将欧盟公民个人信息转移、存储到该国进行处理。而美国采取行业分散保护机制，并不符合欧盟的要求。但鉴于与美国频繁的贸易往来，对个人数据的跨境流动需求极大，欧盟与美国通过国际协定折中解决制度间障碍，设立了美欧之间的数据流通特殊"管道"。

管道之一："安全港"协定

由于美国互联网产业的迅速发展，跨境收集、转移、处理个人数据的需求日益增大。为了满足欧盟对数据安全充分性保护的要求，便于美国互联网企业开拓欧洲市场，双方于 2000 年达成了"安全港"协定。"安全港"协定是指美国商务部建立一个公共目录，联邦交易委员会和美国交通运输部管辖下的任何组织加入"安全港"协定，并公开承诺遵守"安全港"协定的要求，就可以将欧盟公民个人信息转移到美国境内进行处理。加入"安全港"协定必须采取以下措施之一：参加符合"安全港"协定原则的自律性隐私权保护项目；制定符合"安全港"协定原则的自律政策；遵守有关保护个人隐私权的法律规范。机构采取上述三项措施之一，并以"安全港"协定成员的身份从事电子商务，自愿做出承诺遵守"安全港"协定的七条隐私保护原则，这些机构就被假定达到了"充分保护"的要求，可以继续接受、传输来自欧盟的个人数据。

"安全港"协定为美国企业确立了七大隐私原则：通知原则，即企业必须通知收集使用个人信息的目的；选择原则，即企业收集个人信息必须征求个人信息主体同意；向前传递责任原则，即与第三方签订协议以明确个人信息用于特定、有限用途，并且第三方也能提供同等水平的保护；安全原则，即采取合理的预防措施，防止个人信息滥用、丢失、暴露；目的限制原则，即个人信息必须与使用的目的相关，企业必须有合理的步骤确保数据是可靠的、准确的、完整的和有时效的；接入原则，即个人必须有渠道接触到企业持有的其个人信息，个人有权更正、删除个人信息；追索、责任和实施原则，即有效的隐私保护必须包括确保遵守的机制，提供可用的、可负担的、独立的追索机制。

2013 年，美国监控丑闻曝光，欧盟成员国数据保护机构开始质疑"安全港"协定的合法性。2015 年 10 月，欧盟法院判决"安全港"协定无效，主要包括两个原因。一是美国政府当局并不受"安全港"协定制约，国家安全、执法诉求等凌驾于"安全港"协定之上，不加区分地实施大规模监控、数据拦截，NSA、FBI 等联邦机构就极有可能非法获取转移到美国的欧盟公民个人数据。二是"安全港"协定没能达到 95 指令对个人数据充分保护的要求，无法阻止企业将数据文件泄露给未授权方，实际上限制了各成员国数据保护机构的独立监管职能。

管道之二："隐私盾"协议

跨大西洋的数据流动因美欧之间网络经济上的紧密联系而成为不可逆的趋

势，在美欧"安全港"协定废除后，双方谈判加速。2016年2月2日，双方已经达成新协定"欧盟－美国隐私盾"（EU-SU Privacy Shield），即"隐私盾"协议。"隐私盾"协议实质上是欧洲委员会和多个美国高级官员之间的行政协议，主要包括三个部分，分别是"隐私盾"原则，有关美国商务部具体举措和仲裁事项的两个附件，以及来自联邦贸易委员会、运输部、国家情报总监办公室、国务院、司法部的五封信。协议主要要求接受欧盟个人数据的美国企业必须满足相应的隐私保护特权，可以通过两种方式获得权限：一是选择与美国商务部达成一个含有示范条款的合同协议，采用包含"隐私盾"协议的企业规则；二是选择与单独的欧洲公民达成明晰的知情同意书。相比"安全港"协定，"隐私盾"协议更好地体现了欧盟95指令关于数据处理者与数据控制者的义务履行以及数据主体权利的规定，并特别强调了监管措施的执行，主要表现如下。

第一，企业承担更严格的数据保护义务。"隐私盾"协议补充更新了"安全港"协定的七原则，做出了更详细的规定，为数据主体提供了更具体的法律依据，使其能与个人数据保持更紧密的联系，随时知悉个人数据被处理的真实情况。

第二，监督机制更有力。首先，企业通过自主认证"自愿加入"后，必须公示其"入盾承诺"及相应的隐私政策，力图减少此前"安全港"协定企业缺少公众隐私保护政策或在政策中没有提及协议内容的现象。其次，企业在"入盾"后还需完成定期自证审查，并接受联邦贸易委员会、运输部等部门的调查与监督。再次，当企业未完成定期验证时，商务部将撤销其"入盾"的资格，企业也将归还或删除相应的数据。美国商务部定期更新公布"入盾"名单，将此前曾"入盾"但现在已经退出的企业的名单公之于众，并告知公众这些企业已经不再是盾内企业，企业也不能采取模棱两可的态度给公众造成它仍在盾内的假象，否则将面临关于从事欺骗性营业活动的指控。

第三，规范对象更广泛。规范对象不仅包括名单内企业，还包括退出名单的企业及第三方。首先，名单内企业必须遵守"隐私盾"协议规定，已经退出"隐私盾"协议名单的企业如果继续存储根据协议获得的个人数据，也必须就对应的个人数据履行"隐私盾"协议规定的义务。其次，按照"隐私盾"协议的"责任转移原则"，名单内企业将个人数据传送给第三方时必须通知数据主体，由数据主体选择是否可传送，还必须与第三方签订合同，以确保这些个人数据被用在有限且特定的地方，享受至少同等水平的保护措施。此外，名单内企业必须采取合理的措施，阻止第三方对传输的个人数据从事任何未经授权的行为。

第四，为欧洲公民提供了更多救济途径。欧洲公民在认为其个人数据受到侵害时，可以采取以下途径进行求助：向企业进行投诉，企业应当在 45 日内给予答复；向本国的数据保护机构投诉，该机构可与美国商务部、联邦贸易委员会合作进行调查和处理；求助于免费的替代性纠纷解决机制（ADR），名单内企业都必须加入这项机制，必须在其公开的个人数据保护章程中写明独立的纠纷解决机构，而且必须提供这一机构的网页链接，商务部将对此进行监督检查；如果以上方式都无法解决问题，可以求助于隐私保护专家组进行仲裁，专家组可以对名单内企业做出约束性裁决，以确保每个投诉都能完善解决。"隐私盾"协议首次让欧洲人有一种途径能对美国代理商访问其根据该协议传输的数据提出投诉，这使公民隐私保护的有效性得到了大大提高。

6.3.3 对我国的启示

随着我国数字经济的繁荣发展，我国越来越多的企业正在"走出去"。国家

"一带一路"倡议促进了跨境电子贸易的繁荣，数据跨境流动日益频繁，对数据跨境流动规则的需求也更迫切。为了确保安全和发展的平衡，我国应在充分考虑国家安全因素的前提下，借鉴欧美的规则模式，与国际接轨。

第一，建立重要数据分级分类管理制度。欧美有关数据跨境流动的统一规定主要集中在个人信息，对关系国家安全、社会公共利益的重要数据跨境流动的限制，主要根据具体行业数据的特性，在投资、采购及传输等各个环节予以体现，确保对数据流动的限制处在合理范围内。我国应借鉴国际经验，对重要数据和个人信息的跨境流动进行区分管理，而对于重要数据应采取分级分类管理措施，并进行分业管理，根据数据特性及出境影响采取多样化的控制措施。例如，对于涉及国家秘密、国家安全以及经济安全的数据，严格禁止跨境，必须在境内的数据中心存储和处理；对于政府和公共部门掌握的其他数据，实施数据跨境流动的条件限制；对于普通的个人信息，通过落实数据控制主体的安全责任及合同监管实施保护。

第二，针对不同场景设置多样化的数据跨境流动机制。从国外来看，数据跨境流动的管理并非一刀切的模式，而是根据不同情形建立多元化的管理手段。欧盟不断在数据流动与确保个人信息安全之间寻找平衡，GDPR 确认了白名单、标准合同、风险评估、协议控制等多种方式。美国为了确保互联网企业在欧盟市场的顺利运作，也通过与欧盟签订协议的方式遵循欧盟的相关要求。目前，我国的管理思路还集中在采用风险评估这种单一手段。一方面，评估工作量大，实施有难度；另一方面，加剧企业负担，导致数据流动的滞后性，阻碍数字经济的发展。此外，我国还容易被西方国家扣上"贸易壁垒"的帽子，对我国企业"走出去"产生消极影响。在政策制定中，我国可根据企业数据跨境流动的场景、需求、目的，增加标准合同、协议控制等方式，为企业创造良好的政策环境。

第三，推动建立数据跨境流动行业自律制度。从美欧数据跨境流动监管的演化来看，美国的行业自律制度在美欧数据跨境流动中发挥了积极的作用。近年来，随着我国企业在国际上开展的业务逐渐增多，这些企业面临国外政府和隐私保护部门对其个人数据和隐私保护水平的严格监管，行业协会组织应积极发挥行业自律作用。尤其是开展国际业务的跨国企业集团，更应该推动建立我国的行业自律制度，引入国际知名的信息安全管理标准。

第四，强化国际合作，积极参与制定国际规则。随着数字经济的快速发展，全球化趋势日益明显，国际合作将是数据跨境流动监管的必然途径。开展数据跨境流动互认等合作，也是确保国外消费者信任我国企业个人信息保护能力的最佳方法。我国应积极参与 APEC 跨境隐私规则（CBPRs）等得到一定国际认可的区域数据保护体系，提高本国的数据跨境流动规则。同时，在全球尚未形成统一的数据跨境流动规则的情况下，我国与"一带一路"沿线国家展开双边谈判，与日本、印度、韩国等其他国家加强沟通，提出中国主张，力争在法律、监管和技术等方面更多参与建立新时期数据跨境传输的国际标准和相关规则，保障数据跨境流动规定的公平。

第 7 章

数据治理策略：
基于四个维度

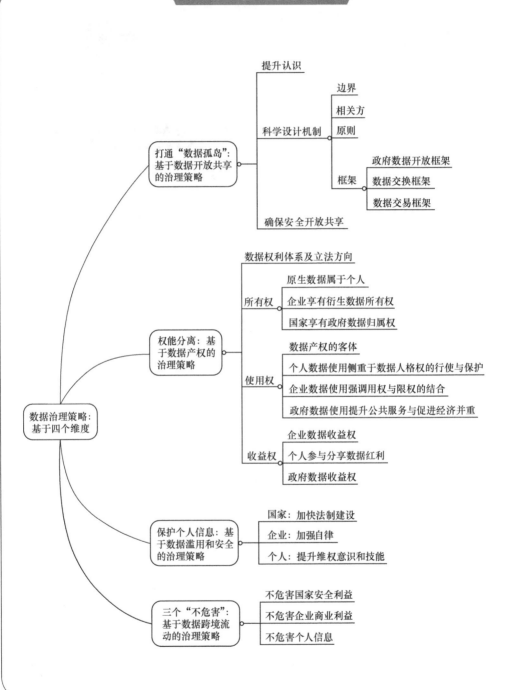

本章基于我国的实际情况，借鉴国际经验，对第 2、3、4、5 章提出的问题分别提出治理策略。

数据开放共享方面，我国应该首先确定数据可以开放共享的边界，然后合理设计开放共享机制，尤其要确保开放共享的安全性。

数据产权方面，我国应该明确数据所有权、数据使用权和数据收益权。数据所有权包括原始数据所有权和二次开发利用数据所有权；数据使用权是指政府和企业尤其后者出于安全保护的考虑，应该限制性地使用数据；数据收益权是基于科学合理定价基础上的数据收益分配方式，不仅是企业，个人也应该享有对数据的收益权。

个人信息保护方面，国家、企业和个人都负有保护责任。国家应该从法律法规、专项行动、保护手段等方面加强建设；企业应该以长远的眼光来看待数据价值挖掘，而不能不顾一切地滥用数据，损害消费者利益；个人应该增强维权意识和技能，主动保护自己的信息。

数据跨境流动方面，我国应该坚持不危害国家安全利益、不危害企业商业利益、不危害个人信息的原则，采用风险评估、安全审查等方式推动数据安全跨境流动。

 7.1 网民多、数据体量大

2019 年 2 月 28 日，中国互联网络信息中心（CNNIC）发布了第 43 次《中国互联网络发展状况统计报告》，其部分数据如表 7-1 所示。

表 7-1　第 43 次《中国互联网络发展状况统计报告》部分数据

应用	2018.12		2017.12		年增长率
	用户规模（万）	网民使用率	用户规模（万）	网民使用率	
即时通信	79172	95.6%	72023	93.3%	9.9%
搜索引擎	68132	82.2%	63956	82.8%	6.5%
网络新闻	67473	81.4%	64689	83.8%	4.3%
网络视频	61201	73.9%	57892	75.0%	5.7%
网络购物	61011	73.6%	53332	69.1%	14.4%
网上支付	60040	72.5%	53110	68.8%	13.0%
网络音乐	57560	69.5%	54809	71.0%	5.0%
网络游戏	48384	58.4%	44161	57.2%	9.6%
网络文学	43201	52.1%	37774	48.9%	14.4%
网上银行	41980	50.7%	39911	51.7%	5.2%
旅行预订	41001	49.5%	37578	48.7%	9.1%
网上订外卖	40601	49.0%	34338	44.5%	18.2%
网络直播	39676	47.9%	42209	54.7%	−6.0%
微博	35057	42.3%	31601	40.9%	10.9%
网约专车或快车	33282	40.2%	23623	30.6%	40.9%
网络出租车	32988	39.8%	28651	37.1%	15.1%
在线教育	20123	24.3%	15518	20.1%	29.7%

（续表）

应用	2018.12		2017.12		年增长率
	用户规模（万）	网民使用率	用户规模（万）	网民使用率	
互联网理财	15138	18.3%	12881	16.7%	17.5%
短视频	64798	78.2%	—	—	—

报告显示，近几年，上网订外卖、购物、看短视频、玩游戏、使用网约车等逐渐丰富和便利了网民们的生活。截至2018年12月，网络购物用户规模达6.1亿人，网上支付用户规模达6亿人，网上订外卖用户数达4.06亿人，网约专车或快车用户规模年增长率达40.9%，短视频用户数达6.48亿人。从报告的统计数据来看，近年来互联网各个领域的增长都非常明显。1997年时我国网民数量仅有62万人，互联网普及率仅有0.03%，如今已增长至59.6%。

随着网民规模的不断扩大，依托庞大的数字资源与用户市场，中国大数据对世界的贡献主要表现在三个方面。一是引领大数据的创新应用，大量新应用和服务层出不穷并迅速普及。例如，苹果公司在美国推广移动支付多年，效果一直不佳；而在中国，从饭馆到超市，甚至许多菜市场的每个摊位都实现了移动支付。二是互联网公司、初创企业引领技术创新步伐，特别是语音识别、图像理解、文本挖掘等方面已涌现出明星企业。2016年，科大讯飞在国际语音识别大赛、国际（机器）认知智能大赛中超过了IBM和微软等行业巨头，获得大赛第一名。三是已成为产生和积累数据量最大、数据类型最丰富的国家之一。中国网络用户规模大，终端数量多，产业经济规模大，因此在数据规模上具有天然的优势。

不过，尽管中国发展大数据已经具备一定的规模基础，在收集和应用数据方面表现不俗，但在数据资源开放共享、安全保护、数据确权、个人信息保护

和数据跨境流动等方面，中国与发达国家相比还是落后的。基于前面的问题分析，我们在后面将有针对性地提出关于数据治理的设想。

打通"数据孤岛"：基于数据开放共享的治理策略

7.2

7.2.1 提升各方对数据开放共享的认识

作为新鲜事物，大数据时代的很多特征在目前还没有被大家熟知。从政府公共管理的角度，数据可以让政府治理与决策更加精细化、科学化，可以帮助政府与民众的沟通建立在科学的数据分析之上，优化公共服务流程，简化公共服务步骤，提升公共服务质量。例如，在城市规划方面，通过对城市地理、气象等自然信息，和经济、社会、文化、人口等人文社会信息的挖掘，可以为城市规划提供强大的决策支持，强化城市管理服务的科学性和前瞻性。在新城的规划方面，通过对地理、人口等信息数据的分析，可以清晰地认知城市未来的人口数量和增长趋势。根据城市的发展策略和经济特点，市政部门可以在不同的地理位置设定功能区域，包括工业园区、物流园区、中央商务区、居住卫星城、医院、公安局（派出所）、大学城、文化场所、运动设施及图书馆等城市配套服务设施。在老城区的规划方面，通过分析经济快速发展和功能定位的差异，以及人口数量和结构性的变化，市政部门同样可以制定城市调整和优化的解决方案。例如，老工业区的拆迁和升级改造计划，老商业区、居住区、城中村的改造和功能再定位，等等。在交通管理方面，通过对道路交通信息的实时挖掘，能有效缓解交通拥堵并快速响应突发状况，为城市交通的良性运转提供科学的决策依据。通过整合道路交通、公共交通、对外交通的大数据，汇聚气象、环境、人口、土地等行业数据，构建交通大数据平台，提供道路交通状况判别及预测，辅助交通决策管理，支撑智慧出行服务，加快交通大数据服务模式创新，实现智慧的交通拥堵提醒和疏散管理、智慧的公交到站监测、智慧的交通事故应急调度、智慧的民众交通信息查询、智慧的个人私家车管理等。

从工业互联网的角度，工业大数据涵盖制造业设计、研发、生产、管理及售后等全业务流程，为制造业转型升级提供全新路径和模式。例如，工业大数据有助于企业掌握用户的个性需求，提升产品研发设计效率。通过挖掘分析，工业大数据能够精准反映用户的个性化产品需求、产品交互及交易状况，有利于实现个性化定制，最大程度满足用户需求。同时，工业大数据还能够优化生产工艺流程，缩短产品研发周期，提升制造业生产效率；有助于推动自动智能生产，完善现代化的生产体系。通过对设备、生产线、车间和工厂进行全面数字化改造，并整合各个环节产生的数据，能够促进企业内部信息共享和系统整合，推动生产流程自动化、智能化、精准化，形成智能车间、智能工厂等现代化的生产体系。而且，工业大数据还有助于提升产业协同能力，打造全新制造业产业链。通过工业大数据的开放共享，众多制造业企业的数据和信息资源能够实现有效整合，从而形成一种更加科学高效的产业链，尤其能够带动和引导大批中小企业走出传统生产模式，实现转型升级。

总之，大数据对各行各业的影响是深远的，政府、企业应该通过各种宣传方式，让我们社会的每个组织、每个机构甚至每个公民都了解大数据的价值，了解数据顺畅流动的价值以及数据开放共享的价值。

目前，已经有些大型互联网企业举办了数据开放日活动。例如，腾讯云联合麦思博（msup）举办的"洞见数据价值之道——腾讯大数据开放日"活动，围绕最新的大数据前沿问题、案例研究以及最佳实践，为数据专家和一线技术团队开发者提供了很好的交流平台；阿里巴巴举办了阿里数据开放日活动，从数据的应用产出，如互联网金融数据、智能硬件应用、数据交叉、物流供应链等角度解析当下数据现状，探讨生态圈内的合作机会；清华大学也已经举办了四届"大数据开放日"。不过，这些开放日主要还是聚焦从业人员和学生，涉及面较窄。在此，我们呼吁和建议政府能举办类似国家网络安全宣传周的活动，以喜闻乐见的方式让每个人都有机会认识更多大数据和数据开放共享的价值。

7.2.2 科学设计数据开放共享机制

数据开放共享的边界

大数据时代产生的数据是海量的，表现出不同的特征和属性，也会产生不同的分类方式。例如，从数据生命周期角度，数据可分为原始数据和二次开发利用数据；从主体角度，数据可分为政府数据、企业数据和个人数据；从信息内容参与方角度，数据可分为单方数据和交互性数据，等等。本节主要按开放共享的主体来划分，将数据分为政府数据、企业数据和个人数据。

政府数据是指政府所拥有和管理的数据，以及政府因开展工作而产生或因管理服务需求而采集的外部大数据，为政府自有和面向政府的大数据。狭义上的政府数据主要包括公安、交通、医疗、卫生、就业、社保、地理、文化、教育、科技、环境、金融、统计及气象等数据。

企业数据是指所有与企业经营相关的信息和资料，包括企业概况、产品信息、经营数据及研究成果等，也包括企业的商业机密。

个人数据是指以电子或其他方式记录的能够单独或与其他信息结合识别自然人个人身份的各种信息，包括但不限于自然人的姓名、出生日期、身份证件号码、个人生物识别信息、住址及电话号码等。

数据开放共享的相关方

参与数据开放共享的相关方，主要包括数据提供方、数据使用方、平台管理方、服务提供方及指导监管方。

数据提供方主要是指生产或收集数据，并提供数据进行开放共享的各类主体，包括政府部门和企业。数据提供方提供数据时应遵循国家相关法律政策的规定，确保所提供的数据准确有效、及时更新，且安全可靠。

数据使用方主要是指对数据有需求，通过数据开放共享获取和应用共享数据的政府部门及企业。数据使用方应遵守国家相关政策的要求，在授权范围内获取和使用共享数据，并采取相应的安全措施，确保共享数据不丢失、不被恶意篡改、不泄漏、不被未授权读取及扩大使用范围。

平台管理方主要是指负责建设、管理和运营数据开放共享平台，在数据开放、交换和交易中为数据供需双方提供平台服务的政府部门和企业。平台管理方应建立和完善共享平台的数据安全管理制度，以及数据安全保护、安全服务和安全监测等技术措施，确保共享平台运行安全和数据安全，为数据提供方和使用方提供安全支撑服务，为数据安全监管者提供支持。

服务提供方是指为数据提供方、使用方和平台管理方提供数据存储、数据分析处理、数据安全保障、数据保护能力测评等技术和安全服务，对平台管理方的工作提供支撑的企业及专业机构。服务提供方应当与服务对象签署服务协议，为所提供的服务建立相应的管理制度和专业团队，加强从业者的开放共享能力和数据安全培训，履行数据安全承诺，确保服务过程中的数据安全。

指导监管方是指依照国家法律法规和政策文件的授权，对政府及企业之间数据开放共享进行指导、监督管理的政府部门，包括发改委、网信、公安、安全、保密等部门。指导监管方应当履行职责，依照国家法律法规、政策标准建立数据开放共享管理制度，对整个数据开放共享过程进行合法合规的监督，在各方发生矛盾冲突时进行协调和仲裁。

数据开放共享的原则

政府与企业之间的数据开放共享应遵循以下原则。

（1）可持续性：既要满足当前需要，又要着眼长远发展；共享机制的建立不是临时性的，可能使用一次或多次。

（2）协调性：当开放共享主体涉及多方时，要充分考虑多个利益方的利益诉求和群体态度，寻求利益的平衡点。

（3）互利性：要以效率优先、兼顾公平的原则，降低控制成本的同时提高效率，争取以最少的成本投入获得最大的收益，不断激发各利益主体进行开放、参与共享的积极性；要承认各方对有关产品和服务的数据生成所做出的努力。

（4）透明性：应清楚地界定数据使用者的情况，希望获取数据的类型和详细程度，以及使用数据的目的等。

（5）良性竞争：在交换敏感数据时应促进良性竞争，保障数据提供方及其相关利益不被泄露。

以上是一般性原则，企业在将数据开放共享给政府时还应同时遵循以下原则。

（1）数据使用的相称性：使用企业数据应以公开透明的公共利益为目的，确保做到具体详细、相关联和数据保护；对于预期的共享收益，应保证企业成本的合理性。

（2）目的限制：应在合同或协议条款中明确限制企业数据使用的目的，限定为一个或多个；规定数据使用的期限，同时要保证企业数据不被用于无关的行政或司法程序。

（3）不造成伤害：保护企业的商业机密及相应利益。

（4）数据再利用：企业与政府的合作应力求互惠互利，尤其在付给酬金时也要考虑公共利益。当其他政府机构也有类似的数据需求时，企业应该无差别对待。

数据开放共享的具体方式

（1）政府：数据开放

政府数据开放共享，主要是指数据提供方通过开放平台为数据使用方提供开源资源的在线检索、下载及调用等服务。政府数据开放共享的框架设计如图 7-1 所示。

数据提供方要对数据资源进行分类甄别，尤其是要依据相关法律法规对数据进行脱敏处理，然后才能开放共享；平台管理方负责对数据提供方提供的开放数据进行清洗、审核、编辑、归类、存储和提供等工作，并对所有的数据开放活动进行记录和追踪；服务提供方为数据开放共享提供技术支撑、安全测评等相关服务；指导监管方负责制定监管规则和协调机制，在责任主体产生冲突时进行协调和仲裁，对违法违规行为组织调查并处置。

政府数据开放共享需要一套相应的组织机构框架设计，如图 7-2 所示。

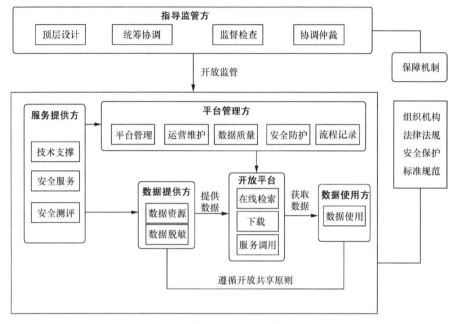

图 7-1 政府数据开放共享框架

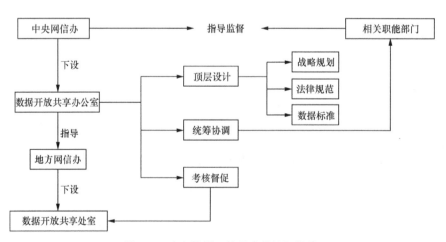

图 7-2 政府数据开放共享的组织机构

具体而言，中央网络安全和信息化委员会办公室下设专门的数据开放共享办公室，主要负责制定工作规划、法律法规、标准规范，推进与政府数据开放相关的工作任务的制定与落实。数据开放共享办公室应重点强化突出全盘统筹的职能，把政府数据开放作为一项重要的战略来抓，打造成政府部门必须履行的程序义务，发挥责任单位职能优势，打造政府管理的新引擎；重点突出强化综合协调的职能，突破政府体制机制的界限，科学合理地划分政府部门的职能职责，着力推动统一的数据开放平台的搭建；重点突出强化监督考核职能，对政府数据的相关工作进行综合整理，对各单位的工作开展和落实情况进行考评，并将考评结果作为评定政府绩效参考，形成有效激励。

地方各网信办也要相应设立数据开放共享职能处室，负责落实中央的政策文件精神，以及结合当地实际制定相关政策，推进当地数据开放共享工作，同时还要接受中央网信办的考核督促。

各相关职能部门如发改委、公安部、保密局等都具有指导监督的职责。

（2）政府与企业：数据交换和交易

政府与企业数据开放共享主要有两种方式。一种方式是数据交换，主要指政府与企业在政策、法律法规允许的范围内，通过签署协议、数据交换合作、数据赠与或数据奖励等方式开展的非营利性数据开放共享。政府与企业数据交换的框架设计如图7-3所示。

具体而言，数据提供方授权使用方获得数据资源，一般通过数据交换协议来明确数据使用范围、权限、使用方式、知识产权及安全保护要求。数据提供方要确定数据准确有效、及时更新和安全可靠，并依据相关法律法规对数据进行脱敏处理后展开交换。当企业共享数据给政府时，也会有数据赠与或数据奖励的方式。数据赠与是企业履行社会责任的一种表现，一些具有奉献精神的企业会无偿将某些数据提供给所有可能对这些数据感兴趣的部门或机构。以欧洲的万事达公司为例，该公司认为造福人类是其使命，经常帮助其他机构获取数据采集与分析的技术工具，而且还定期分享数据及专家观点，提升其他企业人员的开放共享知识与技能。数据奖励是企业与政府共同设立奖项，鼓励数据分析与挖掘领域的人员与企业解决现实中事关公共利益的难题。

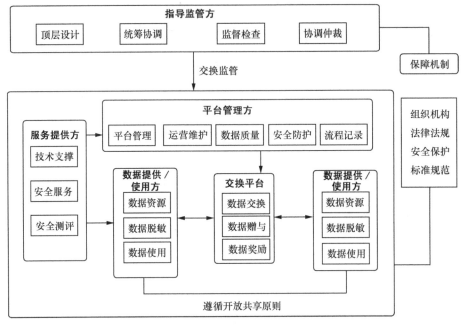

图 7-3　政府与企业的数据交换框架图

数据使用方在授权范围内获取和使用资源，并采取措施确保交换数据不丢失、不泄漏、不被未授权读取或扩大使用范围。服务提供方为数据提供方和使用方提供技术及服务支撑工作，如数据整理、数据脱敏、数据接口定制等。必要时，数据提供方可请具备相关安全测评资质的服务提供方对数据使用方的数据安全保护能力进行测评。指导监管方依照国家法律法规和政策文件的授权，对政府与企业之间的数据交换工作进行指导和安全监管，在责任主体间产生冲突时进行协调和仲裁。

另一种方式是数据交易。数据交易是指数据提供方通过交易平台为数据使用方提供有偿数据开放共享服务，数据使用方付费后获得数据或服务调用权限，也可以付费获得平台的相关数据服务。政府与企业的数据交易框架如图7-4所示。

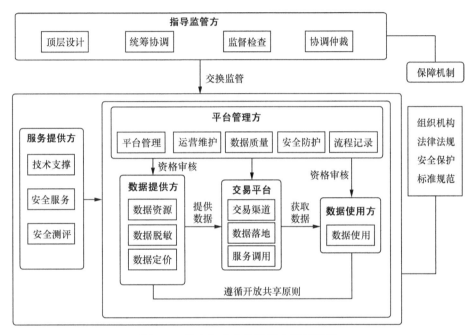

图7-4　政府与企业的数据交易框架图

具体而言，数据提供方要具备数据的知识产权，并保证数据准确有效、及时更新和安全可靠。按照相关制度和交易原则及市场行情对数据定价，交易数据必须脱敏处理或合法合规，不会对个人隐私和国家安全造成危害。数据使用方在授权范围内获取和使用资源，并采取措施确保交易数据不丢失、不泄漏、不被未授权读取或扩大使用范围。平台管理方负责对数据提供方提供的开放数据进行清洗、审核、编辑、归类、存储和提供等工作，对交易双方的资质进行审核，制定数据交易规则、安全管理制度，并对所有的数据开放活动进行记录和追踪。服务提供方为数据交易提供技术和服务支撑，可以有偿提供数据分析、数据整合等服务。指导监管方依照国家法律法规和政策文件的授权，对政府与企业之间的数据交换工作进行指导和安全监管，在责任主体间产生冲突时进行协调和仲裁。

7.2.3　构建安全框架，确保数据安全地开放共享

数据安全开放共享的总体目标是在数据开放共享过程中保障数据的完整性、保密性和可用性，防止数据丢失、被篡改、假冒、泄露和窃取。这需要加强政策、法律、管理制度、标准规范和技术体系的统筹协调。本小节提出数据开放共享安全框架，如图7-5所示。框架分为四个层次，从上到下依次为法律法规、安全管理制度、标准体系以及安全技术。

图 7-5　数据开放共享安全框架

加强数据开放共享安全保障，要完善数据安全法律法规及管理制度建设，健全数据安全标准规范，推动数据安全技术开发和应用，做好数据安全的整体规划和顶层设计。

法律法规和管理制度

目前，国家层面还没有建立数据开放共享的上位法，需要从法律角度进行规范和明确，以法律法规的形式对可开放的数据类别、数据开放的技术标准和数据口径等做出明确规定，对数据产权、数据定价等数据交易的核心问题做出明确规定；从整体数据保护需求和要求出发，对数据安全保护做出规定。

除了健全国家法律法规以外，还需要在行业、部门、地方及平台层面建设配套完善的数据安全管理制度，以落实相关法律的要求。管理制度的设计要上承法律要求，下接标准支撑，在实践方面能够有效规范数据开放共享行为，确保数据开放共享组织管理机构职责明确、数据开放共享活动流程清晰、数据开放共享过程安全可控和监管有效。管理制度具体可包括以下五个方面。

第一，数据提供注册制度。数据提供方按照规定向平台管理方注册并审核通过所提供的数据后，方可发布数据。数据提供方所提供数据应明确摘要、使用范围、条件及要求、提供者信息、联系方式、更新周期和发布日期等。数据提供方在注册过程中需要承诺对注册数据的所有权或控制权，确保提供的数据真实、完整、安全、有效、可用，来源明确，界限清晰。一旦出现数据泄密事故，可为追根溯源提供有力的证据支撑。

第二，数据授权许可制度。平台管理方在获得数据提供方许可的条件下，通过规定方式将数据的使用权授予数据使用方。对于重要数据，需要第三方评估数据使用方的数据保护能力，达标后才能授权。如果涉及隐私数据，管理者负责数据脱敏后方可授权。

第三，数据登记使用制度。数据使用方按照规定向平台管理方／数据提供方登记并被审核身份及权限后，在合法合规的条件下才可获得数据的使用权。数据使用方登记的内容应明确所使用数据的类别、用途、使用范围、使用方式、使用者信息及联系方式等。数据使用方应当遵循国家的相关政策要求，在授权范围内获取和使用数据，并采取措施以确保共享数据不丢失、不泄漏、不被未授权读取或扩大使用范围。

第四，数据安全保密管理制度。明确数据交换需遵从的原则，如个人信息保护原则、最小授权原则、获取数据需要具备相应等级数据安全保护能力原则等。明确数据交换过程中的数据安全管理要求，包括数据传输、存储、处理、销毁等环节，加强数据安全保护。要建立数据安全应急处置预案，当出现信息安全事件时能够及时发现和处置，以降低事件造成的影响。

一般来说，数据交换的行为有其特殊的需求和应用场景，因此应根据交换双方的需求、权利义务关系和数据内容制定相应的数据安全保密协议，对参与数据开放共享的相关方形成法律约束，规定相关权利义务和违规责任。

第五，数据交易安全管理制度。要建立基于第三方的数据评价估值机制，对数据提供方的数据准确性、完整性、安全性，以及知识产权情况、数据脱敏情况进行审核和评价，进而确定其是否可以上市交易并给出指导价格。对交易双方的资格进行审核，数据提供方是否具备数据产权或处置权，是否具备提供数据以及后续更新数据的条件和能力。对于数据使用方重点审核其是否具备相应的数据安全保护能力。服务提供方应保证数据交易过程的公开、公正和透明，并通过采取有效的技术措施，确保数据交易过程可监、可控和可追溯。服务提供方可以建立交易双方的信用评价机制、数据使用效果的评价机制和市场退出机制，推动形成数据交易的良性循环，维护市场秩序，同时开展数据应用示范，提升数据开发利用规模和应用水平。要解决好数据安全和隐私保护问题，交易的数据中不可避免含有个人隐私数据或政府及企业敏感数据，数据提供方如何合法合规地进行数据脱敏，监管方应给予指导和规范。

数据安全标准体系

为了更好地开展数据开放共享，需要以数据安全为核心，围绕数据安全主要制定以下四个方面的标准，以提供全方位的安全标准支撑。

（1）基础类标准

数据开放共享基础类安全标准为整个数据开放共享安全标准体系提供包括角色、模型、框架等基础概念，明确数据开放共享过程中各类安全角色及相关的安全活动或功能定义，为其他类别标准的制定奠定基础。

（2）平台和技术类标准

针对数据开放共享所依托的平台及其安全防护技术、运行维护技术，制定平台和技术类标准，对数据开放共享安全的技术和机制（包括安全监测、安全存储、数据溯源及密钥服务等）、平台建设安全（包括基础设施、网络系统、数据采集、数据处理及数据存储等）、安全运维（包括风险管理、应急服务及安全测评等）提出要求。

（3）数据安全类标准

制定数据安全类标准主要包括个人信息、重要数据等安全管理与技术标准，覆盖数据生命周期的数据安全，包括分类分级、去标识化、数据跨境、风险评估等内容，用于健全个人信息安全标准体系，指导重要数据的管理和保护。

（4）服务安全类标准

针对数据开放、交换、交易等应用场景，提出共享服务安全类标准，包括数据开放共享服务安全要求、实施指南及评估方法等；规范数据交换共享过程的安全性和规范性，保护个人信息安全不受侵犯、企业利益不受损害等；保证数据交易服务产业的健康规范发展，促进政府、企业、社会资源的融合运用，支撑行业应用和服务创新，提升经济社会运行效率，等等。

数据安全技术

政府与企业之间数据开放共享在安全技术保障上重点要突出数据安全的特殊需求，从技术防护做好数据安全保障。目前需突破的关键技术包括安全监测、数据脱敏、访问控制、追根溯源等，以达到对数据安全可监测、可管控、可追溯的目的。

（1）安全监测

政府与企业之间数据开放共享涉及大量的数据，数据集中化程度高，过于集中的数据使其容易成为网络攻击的目标，也会成为 APT 攻击的重灾区。针对数据开放共享场景下海量异构数据的融合、存储和运维管理，需要采取有效的针对性技术手段强化网络安全监测，通过对流量、日志、配置文件等进行监测，对数据开放共享平台及系统进行网络安全的深度监测和分析，对网络安全事件进行预警与协同防御处置，提升对安全风险的监测预警和感知能力，提升数据开放共享平台和系统的整体安全态势感知、风险研判、安全预警及安全决策等能力。

（2）数据脱敏

数据开放共享过程中存在大量的敏感数据，如个人信息数据、交易数据等。

对于这些敏感数据，需要依据相关的法律法规、数据分类分级的安全需求以及数据开放共享的安全管理要求，定义数据脱敏的安全方法和评估标准，针对数据开放、交换、交易等应用场景对数据进行脱敏。

（3）访问控制

有效的身份认证与访问控制是确保数据不被非授权访问的关键。针对应用场景、业务需求等划分用户，通过统一的身份认证和单点登录，为系统用户访问数据资源提供集中、唯一的访问入口，禁止用户非法访问和使用数据资源，通过统一的账号、授权管理，对用户能够在被管资源中行使的权限进行分配，实现用户对资源的访问控制，对用户访问资源的行为进行记录，以便事后追根溯源。

（4）追根溯源

安全事件追根溯源要求对用户的操作行为进行审计，对违规操作能够进行溯源。对流量信息、日志信息以及告警信息等进行关联分析，有效地追溯网络攻击行为，关联行为主体的 IP 地址等信息，追溯到行为主体所在的单位、具体的操作人。强化共享数据流转审计，对数据的流转过程进行管控，对共享数据在采集、存储、传输、共享、使用等环节的流转过程加强监控，使数据"留存在哪里""流转到哪里"全程可见，通过对数据开放共享全过程进行不可抵赖和修改的记录，提升对安全责任的确责和追责能力。

7.3 权能分离：基于数据产权的治理策略

在讨论数据产权的构建时，笔者认为任何新制度都不可能是凭空想象而产生的，任何制度创新都离不开对先前制度的模仿。相邻可能原理指出新事物的产生有迹可循，相邻关系的碰撞带有原始相邻分子的因素。同理，人类的创新也是遵循了相同的"碰撞"路径，就如同智能手机的诞生是计算机技术、触摸屏技术、通信技术及其他具有"相邻可能"的元素碰撞的结果。而智能手机时代的全面来临又意味着为 App、人工智能、电子支付准备好了诞生的"相邻可能"，人类就是这样一步步前进的。

7.3.1 数据产权的权利体系

在构建数据产权这一新事物时，我们需要在财产权的大地图中对数据产权进行定位，然后寻找与数据产权具备"相邻可能"的元素，在该元素的基础上构建数据产权这一新型财产权的基本架构。[1]

在对数据产权进行定位时，笔者首先按照两个要素——个体要素和社会要素的强度不同，对数据产权做类型化的定位。按个体要素与社会要素主导地位的不同，将财产权分为四种类型，即强财产权 I 型、弱财产权 I 型、强财产权 II 型及弱财产权 II 型，如图 7-6 所示。

强财产权 I 型的特征是个体要素在四种财产权类型中处于绝对地位，社会要素在这种财产权类型中影响不大，其代表性的权利是所有权。

弱财产权 I 型同强财产权 I 型一样，都是个体要素占主导地位，但不同的是弱财产权 I 型中社会要素的程度高于强财产权 I 型，其典型代表是知识产权。

---

[1] 《伟大创意的诞生：创新自然史》中提出，"相邻可能"理论揭示了两个非常关键的特性：第一，创新受到"相邻可能"约束，无法摆脱现有元素而实现革命性跨越，这是创新的局限性；第二，创新是一场规模宏大的连锁反应，而且还会愈演愈烈，这是创新的无限可能性。

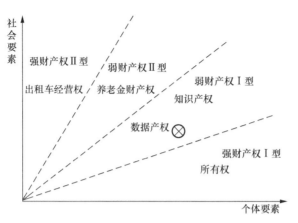

图 7-6 数据产权的权利定位图

强财产权 II 型则与强财产权 I 型相反。在强财产权 II 型中，社会要素的强度最强，决定了该类型财产权的根本性质；而个体要素很弱，作用小。城市出租车经营权是强财产权 II 型的代表性权利。[1]

在弱财产权 II 型中，社会要素的作用要远强于个体要素，其典型代表是养老金财产权。[2]

不同的财产权，其类型、功能和法理依据各不相同。强财产权 I 型和弱财产权 I 型强调个体价值的凸显，发挥个体的积极性，开发和利用物质资源，增加社会财富总量。强财产权 II 型和弱财产权 II 型侧重协调社会与个人之间的关系，保障社会整体效益，简单地说就是让人有体面的生存空间。具体到数据产权，其应该定位于弱财产权 I 型，究其理由便要谈及数据产权的构建目的与宗旨。数据产权的构建目的也应具备个体要素与社会要素两个方面，因此保护私

---

[1] 陈军. 财产权、正当性及多元主义——现代财产权基本理论研究为研究对象 [J]. 中南大学学报（社会科学版），2017（03）：38-59.

[2] 陈军. 个体要素和社会要素的再平衡：现代社会财产权正当性探析 [M]. 北京：法律出版社，2015.

有数据财产的个体要素以及促进数据财产生产和应用的社会要素。其中对私有数据财产的保护为其直接的保护目标,在这一点上数据产权与物权类似。[1] 谈及促进数据应用,提升社会整体文明程度是数据产权的另一目标。数据财产来源于公众,任何数据集都不可避免地包含了一定的公共数据,因此对数据财产的保护就与对所有权上"物"的保护不同,数据产权要求个体要素居于主导地位,同时还要顾及社会要素。

至此,我们找到了"相邻可能"理论中两个与数据产权相邻的元素,即所有权与知识产权。因此,数据产权的基本框架应以所有权与知识产权的相关制度为基本依托,以数据产权构建特点及原则为构建方向。笔者尝试采用粗线条的手法勾勒出数据权的基本架构,此举有助于明确数据产权在整个数据权体系中的定位,以便后期以此为骨架补充数据产权的骨血,起到提纲挈领的作用。[2]

总体上,笔者认为数据产权的个体要素可以通过构建类似物权权能的数据产权权能来实现,而社会要素则可以参考知识产权的限制制度来调节公利与私利之间的矛盾。因此,数据权利体系应包括三个维度。第一个维度是指个人数据权,即个人数据中所代表的人格利益及财产利益受法律保护,主要包括个人数据人格权与个人数据产权。具体而言,个人数据人格权包括数据修改权、知情同意权及数据被遗忘权。[3] 第二个维度是指企业数据产权,即企业数据中应受法律保护的财产利益。笔者认为其具体应包括数据采集权、数据使用权、数

[1] 芒泽,彭诚信. 财产理论 [M]. 北京:北京大学出版社,2006.

[2] 肖冬梅,文禹衡. 数据权谱系论纲 [J]. 湘潭大学学报(哲学社会科学版),2015,39(06):69-75.

[3] 肖建华,柴芳墨. 论数据权利与交易规制 [J]. 中国高校社会科学,2019,33(5):63-65.

据占有权、数据收益权以及数据处分权。第三个维度是政府数据产权，是指政府对其占有的政务数据应受法律保护的权利，具体包括数据归属权、数据使用权及数据管理权。[1] 数据权利体系如图7-7所示。

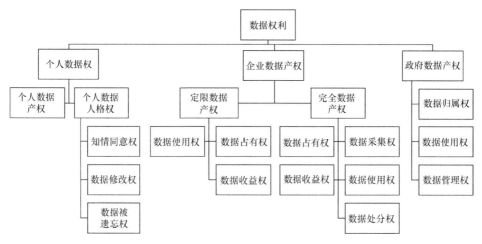

图 7-7 数据权利体系图

然而，任何权利体系的搭建都并非一蹴而就，数据权利体系也不例外，它经过从利益到法益再到权利的过程。当然，目前笔者提及的数据产权的权能也不是数据产权的全部权能。随着大数据对社会生活的逐渐深入，人们对数据权利的主张也会增加，更多的数据权利将会被考虑纳入数据权利体系。[2]

7.3.2 数据产权的立法方向

随着信息化的逐步加深，我国正在经历新一轮的产业化转型，未来数据财

---

[1] 张新宝. 从隐私到个人信息：利益再衡量的理论与制度安排 [J]. 中国法学, 2015（03）: 38-59.

[2] 肖冬梅, 文禹衡. 数据权谱系论纲 [J]. 湘潭大学学报（哲学社会科学版）, 2015, 39（06）: 69-75.

产将在社会生活及经济生活中占据越来越重要的位置。因此，当前对数据财产进行有针对性的立法势在必行。但是，要在现有法律体系内嵌入数据产权这种新型财产权并不能一蹴而就。所以，笔者针对未来我国在数据产权的立法方向和立法体系上提几点建议。

（1）构建开放型的数据产权体系

数据产权立法需要打破封闭的传统财产权体系，构建一个具有开放性、包容性、发展性的体系。原因在于数据作为数据产权的客体，其本身具有虚拟性、可复制性、不确定性，而承载数据的技术手段又随着技术的进步在发生翻天覆地的变化。我们眼前的一个典型案例就是美国的《信息自由法》，它在短短 6 年内经历了两次修改来适应实践的发展。因此，我国在数据产权保护的过程中既要通过法律明确规定数据产权的权利属性，又要避免将法网织得过细，使立法难以适应日新月异的实践发展。也就是说，数据产权应当是一个开放的、发展的动态体系。[1]

（2）协调权利体系的整体性与数据产权的独特性

数据产权的立法既要遵循财产权利创设、流转、救济的本质属性，也要找到共性并遵循共性，做好相邻法律如《物权法》和《知识产权法》的衔接，避免发生严重的排异反映。因此，我们应站在整个财产权体系的高度掌握数据产权的构建思路，让其逻辑合理顺畅，同时还应保持数据产权自身的独特性，以此来区别于其他权利。[2]

（3）明确数据产权的权利边界，防止权利滥用

需要注意的是，对数据产权的立法除了要将数据权利加入保护范围，还要

---

[1] 宋美涛. 论信息财产权及其民法保护 [D]. 哈尔滨：东北林业大学，2017.

[2] 朱飞. 关于构建我国信息财产权的若干思考 [D]. 上海：上海社会科学院，2010.

明确数据产权的权利边界。换句话说，就是要明确数据产权的权利红线。权利主体只有在该红线内才能享有有效的财产权，其权利的行使才能不受侵犯。当然，数据产权权利边界的设置也是需要精心设计的。如果立法过于宽松，则可能导致国家保密数据泄露，危害国家安全，企业过度侵占公共数据资源，形成数据"死水"，不利于数据资源的有效流通，这与数据产权权利设置的初衷相违背。

（4）从《民法总则》到民事单行法对数据产权进行层级保护

针对我国数据产权的立法，应当对数据财产进行从《民法总则》到民事单行法的层级保护。首先，需要在《民法总则》中进一步明确数据产权的民事权利的定位及属性。其次，我国亟需建立一部有关数据产权的民事单行法来规定数据财产的取得、行使、救济规则。最后，在梳理我国现行数据利益所涉及的众多法律法规如《民法总则》《网络安全法》《反不正当竞争法》的基础上，逐步构建起数据权利的法律体系。

7.3.3 数据所有权

这里我们讨论的数据所有权并非《物权法》意义上的所有权，而是数据权属的代称。本质上，这个问题是在探讨数据权利的归属。要将这个问题解释清楚，我们需要弄清数据主体因为什么享有数据权利？其理论基础是什么？

（1）原生数据属于个人

从用户角度看，作为数据信息的初始主体，基于个人数据的敏感性、隐私性以及数字经济对个人数据的依附价值，用户个人数据体现出人格利益和财产利益的双重价值。[1] 因此，我们可以考虑构造一个兼具人格权及财产权的权利束，

---

[1] 杨宏玲，黄瑞华. 个人数据财产权保护探讨 [J]. 软科学，2004（05）：14-17.

以保护个人数据权利。在数据产业链的初始阶段，无论是从法理上的私法正义，还是从法经济学的功利角度来看，用户都应该享有数据权利。此时，这种数据权利很明显地被划分为两种类型。其一是近似于隐私权的数据人格权，它保护的是用户个人尊严不受侵犯的法益。其二是一种近似于所有权的财产权益，它反映的是用户对个人信息的绝对控制。原则上，财产权益可以比照所有权权能结构来设置，但因为个人数据是数字经济的起点，为了使个人数据能顺利地流向企业，进而产生更大的经济价值，短期内如何运用用户个人原生数据取得收益还值得探讨。[1]

用户个人数据权利的重点体现在个人对其数据的控制，故构建的重点应放在知情同意权的设置上。借鉴国外数据财产保护的经验，美国、欧盟均采用用户知情同意作为企业数据收集的起点，在立法中给予用户个人数据修改权、访问权、限制处理权、拒绝权、可携带权及被遗忘权等，以保障用户对其数据的控制。我国司法裁判中也明确承认了企业以用户知情授权为前提，同时立法上许多学者也建议在数据人格权下设置知情同意权、数据修改权、数据被遗忘权。这种做法使企业在数据清洗前对收集的个人数据的控制权依赖于用户，只有用户才能根据自己的意志对数据财产加以管控。此时，个人享有原生数据的所有权。

（2）企业享有衍生数据所有权

早在启蒙运动时期，洛克就提出了劳动赋权理论。简单地说，洛克的劳动赋权理论是强调个体的劳动是财产权赋权最本质的原因。洛克认为，在社会的

---

[1] 吴晓灵. 大数据应用：不能以牺牲个人数据财产权为代价 [J]. 清华金融评论，2016（10）：16.

早期，万物初始，没有私有概念，而劳动这种行为是人特有的，是在人的意志支配下利用物的体现。[1] 简单地说，人通过有意识的劳动和创造，使外在的物成了有个性的"物"，这就是我们谈的私产，财产的概念由此诞生。[2]

大数据时代，劳动赋权理论也在不断地发展和修正，以适应时代的需求。首先，在假定条件上，可控资源的范围随着农业革命、工业革命以及信息革命不断扩充，人类关于财产的认识也逐渐从洛克时期的有形资源扩展到无形资源。而数据资源作为一种相对稀缺的社会资源，可以被人类控制并利用，满足财产取得的前提。其次，从物的视角看，大数据时代数据价值生成的过程是人类投入无差别劳动的过程，也有学者将其称为数据价值的添附过程。[3] 再者，修正的劳动赋权理论部分阐明了现代社会法人财产权的正当性，实际劳动者不一定获得财产权，也可能获得与劳动相符的工资。这与大数据时代要求的企业法人的信息财产权不谋而合。总之，劳动赋权理论为大数据时代的数据利益上升为法益提供了一个正当性的理由，即劳动。

与洛克的观点不同，康德认为初始社会自然界的状态无从考证，是否存在原始的私权意识不得而知。他认为纵使有这种意识也是不可靠的，所以要强化私权。这需要强力机关即文明社会中权威的立法机关予以公开承认，如此才能使外在的物变成自己的。[4]

---

[1] 约翰·洛克. 政府论 [M]. 北京：北京大学出版社，2014.

[2] 陈军. 西方财产权正当性理论解析 —— 以法律范式的转换为背景 [J]. 法理学论丛，2013，42（4）：31-32.

[3] 苏今. 大数据时代信息集合上的财产性权利之赋权基础 —— 以数据和信息在大数据生命周期中的"关系化"为出发点 [J]. 清华知识产权评论，2017.

[4] 陈军. 个体要素和社会要素的再平衡 [D]. 长春：吉林大学. 2014.

康德的财产权理论是建立在"占有"之上的。在他看来，占有分为两种，一种是经验中的占有，另一种是理性的占有。前者是人的主观感知，是对外在世界的表层认知。后者则是一种抽象的、虚拟的占有，其本质是强调人对物的占有的意识，即把某物当成自己的物进行占领控制，类似于民法上的"自主占有"的概念。[1]

打个比方，我手中握着一个手机，此时我手中握着手机就是经验中的占有，因为"握"这个动作表明我对手机的占有和控制。但是，如果我把手机放在桌上，此时手机与我脱离，别人也可以拿走它。这样我对手机的占有就是暂时的、不牢靠的，别人也无从得知手机是"我"的，而非"他"的。因此，这种占有无法被称为是财产的基础和依据。而康德假设了另一个理想情况，那便是即使手机脱离了我，但别人同样也知道手机属于"我"，这种占有就是理性占有。之所以会达到理性占有的效果，用康德的话说就是源于人们都受一种普遍法则的约束。简单地说，这种普遍法则就是法律。

因此，在大数据时代，我们不难看出数据占有者表现出的对数据收集、存储、管理、处理、挖掘、分析、展现、评价及交易的意思表示。可以说，这种对数据的占有是一种先验的占有、理性的占有。这种占有的意思包含了自己对数据的利用、处分等，同时也暗含了对他人占有的禁止以及对他人的约束。而且，在区块链技术、数据清洗技术、用户知情同意协议的共同作用下，这种占有将不会必然侵犯人们现有的权益，如隐私权等。因此，从康德占有理论看，数据利益上升为值得法律保护的财产法益是正当、合理的。而且，《民法总则》的出台也实际上完成了从数据财产利益上升为数据财产法益的转变。

---

[1] 康德. 法的形而上学原理 [M]. 北京：商务印书馆，1997.

（3）国家享有政府数据的归属权

将政府数据所有权单独提出是考虑到政府数据所负载信息的特殊性。政府数据往往涉及社会公共利益，其权属就不能简单地套用私法理论，侧重个体要素配置，而是应该将权利配置的重点放在社会要素这一属性上。数据的价值体现在其所承载信息的价值，只有使数据充分流动、共享、交换，才能形成我们期望的信息集聚效应和规模效应。政府数据的作用体现在两个方面，一方面是服务于政府行政管理，另一方面是开发其市场价值以促进数字经济。因此，应将政府数据权属规定为国家归属权，由政府享有数据的管理权，同时通过政府履行数据公开义务以满足公众对政府数据的需求，做到个体要素与社会要素的平衡。

当前，我国政府数据所有权分为政府数据归属权与管理权。归属权与管理权分开表述，主要是考虑到两点。第一，政府是国家的行政机关，其在行使国家权力时收集的数据理论上应该归国家所有，属于全体公民；而政府作为政府数据的收集者、控制者，赋予其管理权最为便捷。第二，要考虑语言是否会产生歧义，如只谈管理权，那么就会有很多不明确的地方。打个比方，A 管理一部手机，我们会产生许多疑问。例如，这手机是 A 的吗？ A 怎么管理手机，他能用这部手机吗？他能将这部手机卖给 B 吗？他能和 C 交换手机吗？对于这些问题，A 自己可能也不知道如何回答。这就是"管理"一词带来的模糊性。

不将政府数据所有权配置给个人的原因有三点。第一，政府收集数据的目的并不是盈利，而是公共管理，这就不存在利益交换等问题。例如，我们到公安局登记、更改身份信息，公安局收集这部分数据当然不是为了卖出个人信息来挣钱，而是利用这部分数据维护社会安全，让违法者在大数据法网下无处可逃。第二，政府数据以国家强制力作保障，可以有效地维护个人隐私不受侵犯。

我们将原生数据的所有权赋予个人，主要考虑就是为了维护个人隐私权。但是，就政府数据收集而言，政府用国家强制力来保护其收集的隐私不被泄露，这就没必要将数据权利赋予个人来保护用户隐私。[1] 第三，个人数据所有权中涉及的知情同意权、删除权、被遗忘权等因涉及公共利益，也不应配置给个人。所以，将政府数据的原生权利配置给个人并无实际意义和价值。

不将政府数据归属权配置给收集和产生它的政府部门的原因，主要在于防止数据垄断，以及防止政府部门独占数据、独享收益。对于政府数据而言，无论收集者是谁，其代表的不是某个部门，而是政府。政府是国家行政机关，因此，国家才是合理合法的政府数据所有者。政府部门在履行职责过程中获得的各类数据资源属于公共数据，国务院文件和一些地方政府规章已对此予以明确。[2] 另外，由于政府部门的性质不同、职能不同，其所收集数据的类型也就不同。如果将政府数据所有权下放至各个收集部门，则不可避免会因为数据的经济价值参差不齐而导致政府信息资源部门化、利益化。随着数字经济的不断深化，政府数据的经济价值也需要得到激活。到那时，政府部门之间的利益纠纷将愈演愈烈，不利于社会公共管理及社会福利的最大化。

7.3.4 数据使用权

在明确数据归谁所有后，如何使用数据这个问题就接踵而来。众所周知，数字经济能否发展好，数据权利能否落实，都在于具体的数据使用。

---

[1] 曾娜. 政务信息资源的权属界定研究 [J]. 时代法学，2018，16（04）：29-34.

[2] 例如，《浙江省公共数据和电子政务管理办法》第 2 条第 2 款规定："本办法所称公共数据是指各级行政机关以及具有公共管理和服务职能的事业单位，在依法履行职责过程中获得的各类数据资源。"

数据的使用需要以合法的、可利用的数据为前提。

首先，应当先明确数据产权的客体是"数据"，而不是个人信息权中的"信息"。从现行法来看，立法者就将数据与信息做了严格的区分。例如，《网络安全法》《民法总则》中均对数据与个人信息分开表述，因为其所代表的含义有着本质的区别。信息在于抽象地反映事物的客观存在及其发展变化，而数据则是具象地用0和1的组合来体现。例如，听到"苹果"一词，我们所体会到的是圆的、红的、甜的水果，这就是信息；数据则是"苹""果"。数据是计算机网络信息传播的承载方式，但这种承载方式并不唯一。在传播同一信息时，人们可以选用不同的设备及代码来实现同一信息的有效传递。所以，数据产权的设立并不意味着数据所有者对信息的绝对垄断，事实上他人也可以从其他途径或媒介中读取相同或类似的信息。[1]

其次，具体而言，数据财产要想受到法律保护，就需要具备可利用性，即数据财产可以被现阶段的人类所利用，如此才有数据财产权赋权的起点。至于数据的可利用性标准，笔者借鉴了《网络安全法》第76条[2]对客体的界定，重点体现在"通过网络……的电子数据"，该关键点刚好是笔者认为可以界定可利用性的客观标准。第一，作为数据产权客体的数据需要以互联网为载体，其生成、收集、传播、加工等都需要依托网络。实质上，"数据"是"网络数据"的上位概念，在实际生活中数据无处不在，如报纸上的文字、广告信息等。但是，

---

[1] 吴汉东. 关于知识产权本体、主体与客体的重新认识——以财产所有权为比较研究对象 [J]. 法学评论，2000（5）：3-13.

[2] 《网络安全法》第76条规定："网络数据，是指通过网络收集、存储、传输、处理和产生的各种电子数据。"

这些数据只有传输上网络才能被大量采集和分析，常见的方法是通过扫描识别或上传电子版形成"网络数据"。第二，作为数据财产权客体的数据依托于网络，其技术前提是该数据需要具备机器可读性。[1] 由于大数据时代的价值体现在数据集合分析后形成的信息价值，海量数据的分析、加工和处理也就成了数据财产形成的必要环节。因此，数据能否被人们读取，成为是否形成控制的前提。换言之，一个数据如果无法通过电子方式提取分析，那么企业就不能利用和控制该数据，同样也谈不上对该数据形成权利。

最后，数据产权的第二大标准是合法性标准，并非所有的数据都能受到数据产权保护。从本质来看，数据本身0、1的属性是无法做价值判断的。那么，此时笔者所谈及的合法性判断则是基于数据所承载的信息，即数据信息中不应包含违反法律规定、危害国家和公共安全、涉及国家秘密、损害社会公德和其他主体合法权利的信息内容。[2] 对此有以下几类数据值得进一步探讨。第一类是个人信息数据，《网络安全法》第42条规定网络运营者可以收集用户信息，但向他人提供用户信息需经用户同意，经过处理无法识别特定个人且不能复原的除外。[3] 根据《民法总则》第111条[4]可知，经过匿名化处理的数据是合法的数据产权客体。而未经处理的信息，其合法性则取决于被收集者的同意。未经被收集者同意授权

[1] 雷震文. 数据财产权构建的基本维度 [N]. 中国社会科学报，2018-05-16（005）.

[2] 何敏. 知识产权客体新论 [J]. 中国法学，2014（06）：121-137.

[3] 《网络安全法》第42条："网络运营者不得泄露、篡改、毁损其收集的个人信息；未经被收集者同意，不得向他人提供个人信息。"

[4] 《民法总则》第111条："自然人的个人信息受法律保护。任何组织和个人需要获取他人个人信息的，应当依法取得并确保信息安全，不得非法收集、使用、加工、传输他人个人信息，不得非法买卖、提供或者公开他人个人信息。"

的信息不具备合法性数据的要求，从而无法获得数据产权。第二类是非法数据，该数据违反宪法和法律，损害社会公共利益，危害国家安全，涉及国家秘密。

（1）个人数据使用侧重于人格权的行使与保护

数据知情同意权是个人数据权利保护的重点，其意义在于让每个人都能明确了解自己的资料被收集、利用的情况，让个人在每个过程中都能有表达自己意志的自由，并且赋予其法律手段对抗侵犯其自由的第三人。这是个人数据使用中对人格尊严的尊重。具体而言，数据知情权同意的范围应包含个人数据的收集方式、收集内容、存储及处理方式等，同时也应包括收集的目的、可能对个人产生的后果、明确的同意方式及同意效力的覆盖阶段。特别值得一提的是在同意方式上应当赋予个人可选择性，如勾选允许收集的数据类型等。

个人数据修改权在逻辑上是个人在知情同意数据被收集后赋予个人体现其自由意志的手段，其权利内容主要体现在数据主体有权要求数据控制者无不当延误地修改其不准确、不正当的个人数据。修改权旨在保证个人数据的真实与完整，以确保个人的人格尊严及人格利益不受片面、不真实的信息所侵害。

个人数据的被遗忘权是指用删除数据信息的手段捍卫其人格利益。具体指按照有关个人信息保护规则，网络用户有权要求搜索引擎服务提供商在搜索结果页面中删除自己名字及相关个人信息的权利。

（2）企业数据使用强调用权与限权的结合

将数据产权的构建放入真实的数据产业链中，我们可以看到数据利益在不同阶段呈现出不同的利益倾向。在"数据清洗"前的法律视角里，权利主体有用户与数据收集企业，利益诉求集中于用户的数据人格利益与企业的数据财产利益；在"数据清洗"后的法律视角里，权利主体只有数据收集企业，而利益诉求也只局限于数据财产利益。

从不同阶段数据产权的效力来看，数据产权的控制效力也因阶段不同而有所区别。其区别在于数据产权人以自己的意志直接对特定数据财产进行采集、占有、使用、收益和处分能力的强弱。"数据清洗"后的企业对其占有的数据具有完全的控制力，而"数据清洗"前的企业对其占有的数据具有不完全的控制力。具体表现在数据清洗前，数据收集行为受用户知情同意权的限制，[1] 对于采集过的数据也会受《网络安全法》第 43 条赋予个人对其数据的删除权与修改权的影响。所以，此时数据产权的控制效力不完整。而从数据产权的权能上看，数据交易中不同数据持有者所享有的数据权利的排他性也有所区别。具体体现在目前大数据规则显示数据收集者交易的数据集可以多次买卖，但数据交易的买方不得将购买的数据再次上架销售。因此，我们可以发现数据买卖实质上是一种许可使用的行为，数据收集者对数据产权具有完全的占有、使用、收益、处分的权能，而数据购买者则不具备处分权能。

数据产权是一个内容十分庞杂的权利体系。根据不同的标准，可以将数据产权分成不同的类型。例如，按主体的多少划分，可以分为单一主体数据产权与共同主体数据产权；按主体类型划分，可以分为国家数据产权、企业数据产权、个人数据产权；按是否有期限划分，可以分为有期限数据产权、无期限数据产权；按数据产权的权利人享有的利益划分，可以分为完全数据产权和定限数据产权。此时出现了数据产权的二元权利体系。所谓二元权利体系，是指以完全数据产权和定限数据产权为基本结构构建的数据产权体系。在大陆法系民法领域中，

---

[1] 肖冬梅，文禹衡. 数据权谱系论纲 [J]. 湘潭大学学报（哲学社会科学版），2015，39（06）：69-75.

物权法体系采取自物权和他物权两分的二元体系，知识产权体系采取完全知识产权与定限知识产权的二元体系。吴汉东教授在知识产权领域提出，"知识产权的本权是知识产权所有人的权利，得以全面支配知识产权；而他权的主要代表是传播者、使用者的权利。"[1] 因此，我们可以借鉴物权与知识产权的二元结构体系构建数据产权。

所谓完全数据产权，调整的是数据财产归属关系。吴汉东教授称其为"本权"，是数据创造者权利。完全数据产权的取得可以分为原始取得与继受取得。原始取得的主要方式为数据价值的添附，即上文提及的数据的关系化过程。继受取得的主要方式是转让。完全数据产权具备数据产权的全部权能，即数据采集权、占有权、使用权、收益权及处分权。[2]

定限数据产权调整的是数据财产的利用关系。我们不妨将其称之为"他权"，是数据使用者的权利，即根据法律规定或本权人的意思对他人的数据财产进行有限支配的权利。定限数据产权的取得方式主要是继受取得。目前实践中，定限数据产权主要涉及用益数据产权，具体指权利人依法对他人的数据财产享有的占有、使用和收益的权利。但是，数据产业的发展开始出现担保数据产权，如数据抵押权。国内第一单数据资产质押贷款是 2016 年 4 月 28 日贵阳银行向新三板挂牌公司东方科技（430465.OC）发放的一笔 100 万元的贷款，质押物是公司的水文数据。

当然，企业使用数据同样应当有其合理限制，在企业取得数据产权的源头就应当遵循合法采集标准。所谓合法采集的作用类似于"调节阀"，它是调节数

---

[1] 吴汉东. 试论知识产权限制的法理基础 [J]. 法学杂志，2012（06）：58-64.

[2] 齐爱民. 知识产权法总论 [M]. 北京：北京大学出版社，2014.

据经营者财产利益与信息主体（用户）人格利益的利器。通过对新浪微博诉脉脉抓取使用微博数据信息案判决的分析，并结合实践中数据收集者的不同情况，需要分以下三类进行讨论。

第一类，平台企业自行收集：采集前需取得用户同意和授权。事实上，法院在支持企业数据财产利益的同时也强调保障信息主体的人格利益，并且确立了一定的实践标准。判决中要求数据经营者在收集用户个人信息时，应遵循合法原则、正当原则（主要体现在企业获得个人用户的明确同意）、必要原则（体现在企业收集用户信息不能永无止境，应遵守最少够用的标准）。而且，判决中指出，企业在实践中为消费者默认授权或预先内设同意的做法都有侵害信息主体利益的嫌疑。[1]

第二类，平台企业许可他人收集：用户授权＋平台授权＋用户授权的三重许可原则。首先，将数据财产权赋予合法的数据采集者的构建方式并不会影响其他合法主体的数据权利，即不排斥其他权利主体以合法的方式取得原始数据使用权。当然，对于特殊的数据，如涉及国家秘密、国家安全、公共利益的数据，还可以做出特别规定来限制获取。实践中，上海数据交易中心的《流通数据处理准则》正印证了上述观点。其次，之所以是三重授权的设计，就是为了再次保障用户的个人数据权利。换句话说，就是 A 用户同意 B 企业使用其数据，C企业与 B 企业协商意图获得 A 用户的原生数据，此时 C 企业需要获得 B 企业以及 A 用户的同时授权才能完成数据交易。当然，实践中的做法会更加便利，例如，

---

[1] 许可. 数据保护的三重进路——评新浪微博诉脉脉不正当竞争案 [J]. 上海大学学报（社会科学版），2017，34（6）：15-27.

在用户首次授权时可以明确授权收集者将其数据分享给他人等。[1]

第三类，否定未经许可的收集行为的合法性。关于未经许可的收集网络数据的行为，往往指网络爬虫行为。许多学者认为，Robots 协议是技术界为了解决爬取方和被爬取方之间的争议，通过计算机程序完成关于爬取的意愿沟通而产生的一种机制，是网络数据的界碑。根据中国互联网协会《互联网搜索引擎服务自律公约》第 7 条的定义，机器人协议（Robots 协议）是指互联网站所有者使用 robots.txt 文件，向网络机器人（Web robots）给出网站指令的协议。具体而言，Robots 协议是网站所有者通过位于设置在网站根目录下的文本文件 robots.txt，提示网络机器人哪些网页不应被抓取，哪些网页可以抓取。至于 Robots 协议是否构成网站运营者与爬虫控制者之间有约束力的合同，目前尚未看到有关于此的司法解释。在新浪微博诉脉脉案中，法院确立了即使爬虫控制者可以利用技术达到获取网站数据的效果，但是如果未经权利人许可也不能运用该技术获取用户数据，因而确立了数据权利的法定保护。

（3）政府数据使用提升公共服务与促进经济并重

政府数据的使用应当以使用目的为出发点。政府数据的使用目的有两点：一是提升政府公共服务管理能力；二是激发政府数据的经济价值，促进数字经济发展。对于前者，行政机关因履行职责需要，使用自己或其他行政机关获取的政府数据，实现电子政务，打造"互联网 + 政务"，提升行政管理水平的行为，我们称之为政府数据的共享。对于后者，行政机关面向社会公众、企业法人或其他组织提供政府数据的行为，我们称之为数据开放。简而言之，数据共享与

---

[1] 参见（2016）京 73 民终 588 号判决。

数据开放是政府使用数据的两大方面。

数据开放共享层面主要体现了数据使用权与数据管理权。谈到数据使用权，有两个核心问题需要解决：一是谁可以使用政府数据，即政府数据的使用主体是谁；二是哪些数据可以共享给其他部门使用，即政府数据的使用范围为何。原则上，政府数据共享的使用主体是政府部门，即每个政府部门都有权使用政府数据。而政府数据开放的使用主体是个人、企业或其他组织，但是能共享的政府数据却存在范围。笔者认为应当按政府数据资源的性质进行分类，简单地可以分成三类：第一类是无条件共享数据，即可以提供给所有政府部门或社会公众使用的数据；第二类是有条件共享的数据，即可以提供给相关政府部门或社会公众使用，或仅能够部分提供给所有政府部门或社会公众使用的数据；第三类是不予共享的数据，即不宜提供给其他政府部门或社会公众使用的数据。[1]

根据政府数据使用权主体与客体数据范围的限制，在政府数据使用权行使方式上就存在自动获取、申请获取的选择。对于无条件共享的数据，各政府部门或社会公众可以依需要自动获取政府数据。针对有条件共享的数据，政府部门或社会公众应根据需要提出共享申请，说明请求共享的数据内容、共享用途，数据主管部门应根据共享条件进行审核，在规定的期限内做出审核通过或不通过的决定并说明理由。

另外，政府数据的使用还应注意与个人隐私之间的协调。在政府数据开放的场景下，个人数据将不只在政府内部流转，而是向社会公众进行开放，以求数据资源的最大利用。所以，如何确保对政府数据的个人信息进行匿名化清理，

---

[1] 参见《广东省人民政府办公厅关于印发广东省政务数据资源共享管理办法（试行）的通知》。

是政府数据开放中的关键性问题。从结果来看，政府数据开放的客体应是衍生数据，即经过清洗、加工后的数据。

与此同时，政府还需做好数据使用的相应制度支持。例如，各政府部门"摸清家底"，做好数据共享开放前的整理工作；保障数据分类的科学合理，可以通过"负面清单"等方式厘清数据内容，做好数据分类；建立省级综合性的政府数据开放共享平台，为政府数据的使用提供有力的保障；加强政府数据资源的安全管理，建立安全运营、安全管理与安全监管的三方工作机制；做好监督维护工作，可以委托第三方对政府数据资源管理进行考核，并纳入政府绩效考核指标；加强立法，让政府数据开放共享有章可循。

7.3.5 数据收益权

谈及数据收益权，从参与数据产业链的主体来看，我们应该赋予三类主体数据收益权。第一类主体就是大数据经济的主要参与者——企业，第二类主体是大家经常忽略的原始数据拥有者——个人，第三类是掌握大量政府数据的政府。

（1）企业的数据收益权

企业的数据收益权主要体现在经济利益的获得，其理论建立在数据所有权及数据使用权之上。从收益权的权能来讲，数据产权与传统法学意义上的所有权具备同样的功能，均是权利人对数据产权的收益，属于事实行为。从收益权能的实现来讲，数据产权人对数据产权的经济利益实现方法是自己实施或授权他人实施，享受收益的方式主要有设定用益数据产权和担保数据产权，进行普通许可、转让、出资、融资等。

从经济学上看，数据交易的关键问题在于如何定价。目前，我国数据交易处于初级发展阶段。纵观各大交易平台，数据交易的定价主要有四种类型。

第一种类型为市场定价，如自动计价。这种计价方式类似于炒股，证券交易所会根据每家公司的业绩、市场行情及供需关系等多种因素设计自动定价公式，通过买卖双方自动磋商形成交易价格。大数据的市场定价大体上也是这个思路，由数据交易所设计自动计价公式，根据数据的样本量和相关指标，如数据品种、时间跨度、数据深度、数据完整性、数据样本覆盖及数据实时性等，形成数据价格，最终采取以下成交方式。一是自动成交，即大数据买方应约价等于或高于大数据卖方挂牌价时，成交价为买方应约价；二是大数据卖方选择成交，指对于不能自动成交的应约，卖方可选择能接受的应约价与买方成交；三是数据分拆成交，指当大数据买方仅需要部分数据样本时，平台将对数据设定拆分原则，由系统自动报价，然后自动撮合双方成交。

第二种类型是平台预设定价。这种定价方式是数据买卖双方委托大数据交易平台对数据卖方所拥有的数据进行定价。此时，大数据交易平台的专业人员会根据平台自有的数据质量评价指标，如数据量、数据种类、数据完整性、数据时间跨度、数据实时性、数据深度、数据覆盖度及数据稀缺性等，给出评价结果，然后将该结果反馈给数据卖方，同时也会向卖方提供同类同级数据集的历史成交价，给卖方一个可供参考的数据定价区间。在此基础上，数据卖方可以根据自身情况在区间范围内二次报价。

第三种类型是协商定价。这种定价方式是指已经形成初步交易意向的买卖双方自行洽谈沟通，具体的方式主要包括大数据买方自由定价、协议定价。自由定价是使用范围最广的大数据交易定价方式，定价自由度高、不透明性强，第三人难以知道具体的交易价格及交易方式，因此同类数据可能形成的价格千差万别。协议定价往往是交易双方均不接受大数据平台进行定价，或者对大数据平台价格无法达成一致，此时大数据交易平台扮演撮合方、联络者的角色，而大数据买卖双方通过反复报价议价，最后达成统一定价。

第四种类型是混合定价，如拍卖式定价。采取这种定价方式的主要原因有两点：第一点是对于某些特定数据，如商业秘密等，因其自身性质而不宜被大范围地公开复制；第二点是企业买卖双方均希望通过独占或排他性的占有以获得更大的经济利益，在此基础上的数据价格则不仅体现了数据价值，还体现了保密、独占等性质，兼具市场与协商两种因素，因此称之为混合型。

（2）个人参与分享数据红利

除了企业享有对数据的权益，还有一类应该享有数据收益权的主体，就是拥有原始数据权的用户。这一类是目前被严重忽视的主体。在数字经济环境中，不应只是企业单方面享受数据带来的红利。用户作为数据的源头，不应在数据产业链上只谈贡献却毫无收获，反而还时时受到诸如"大数据杀熟""千人千价""个人隐私泄露"等数据滥用带来的侵害。我们认为，一个健康的大数据产业，应当让所有对产业做出贡献的主体都能够享受到相应的收益和数据带来的价值。

那么，用户是否也能像企业一样分享数据红利呢？答案是肯定的。理论上，数字经济建立在用户的原生数据信息之上，用户作为数据的源头，天然应该具有处置其数据的决定权以及获取收益的权利。但是，由于单个用户数据的价值量太低，光靠货币来体现这种价值，实践上的可操作性不强，同时也不利于数字经济的高速发展。例如，众所周知消费者在淘宝上的浏览记录具有很高的经济价值，阿里巴巴可以通过这些浏览记录有针对性地推送商品，增加用户购买的概率，还可以分析不同年龄层的人在不同季节的消费意向，进而更改用户购物主页，实现精准推送。那么，单看一个人一天在淘宝上的购物记录可以卖多少钱呢？我们也无法衡量，因为大数据时代单个信息的价值量太小，"大"数据才有价值。所以，如果让个人以卖单个数据来赚取经济利益显然不可行，并且还会大量增加企业收集数据的成本，包括资金成本、时间成本及人力物力成本等，显然不利于大数据经济下数据流动的需求。

但是，这并不应被视为对用户数据收益权的剥夺，我们可以用其他方式作为支付手段，实现个人的数据收益，让个人分享数据红利。笔者认为，企业可以对那些明确同意企业收集其信息的用户提供一些除货币之外的免费增值服务，例如，免费使用其网站，免费使用或优惠使用部分功能、平台产品，获得免费使用券、折扣券，免费参加企业活动，等等。总之，企业应该发挥自身的智慧，设计多种方式让用户共享数字经济的红利。

（3）政府数据收益权

政府数据的使用渠道在于数据开放与数据共享。数据在政府行政机构内部流转，不应涉及数据的经济利益。如果将该渠道比照企业数据交易平台，则会出现政府部门收益不均、数据垄断、独占数据收益等现象，因而不利于政府部门之间的协作。另外，如果实行各部门购买数据，其本质还是政府用自己的钱付给自己，毫无意义可言。而针对当前的政府数据开放，也不应涉及经济利益。因为政府数据本应取之于民，用之于民。前述将政府数据的权属归于国家，实质上是归全民所有，为公共利益而存在。因此，数据开放也不应向社会公众收费。

但是，笔者认为在数字经济的深化过程中，政府也可以通过对数据的深度挖掘和处理向公众提供更进一步的数据分析服务。例如，在基础数据开放平台中设置相应的付费服务内容，如数据可视化分析、数据的深度加工。此时，笔者认为这些服务内容可以向社会公众适当收费，这样不仅可以激发政府深度挖掘数据的积极性，同时还可以为社会公众提供数据分析服务，打造服务型政府。因此而取得的收益，笔者认为可以用于数据库的维护升级，以及数据平台的日常维护等方面。

7.4 保护个人信息：基于数据滥用和安全的治理策略

7.4.1 个人信息保护的现有举措

大数据时代，我国已经成为世界上网络数据生产量最大、类型最丰富的国家之一。与此同时，层出不穷的数据泄露和网络安全事件也给个人信息和隐私保护带来了新的挑战。保护数据安全，特别是个人信息安全，已成为世界各国需要面对的重要课题。近年来，我国加快推进个人信息保护工作，在法律、标准、监管等方面全面发力，取得了一定的成效。

第一，加快立法，为个人信息保护装上"法律盾牌"。

目前，我国虽然尚未制定个人信息保护的专门法律，但是关于个人信息保护的相关规定也分布于多部法律、行政法规、地方性法规和规章、各类规范性文件和部门规章中，逐步打造了多层次、多领域、内容分散、体系庞杂的个人信息保护模式。

（1）宪法

作为我国的根本大法，《宪法》明确规定"公民的人格尊严不受侵犯""公民享有通信自由和通信秘密的权利",为个人信息保护提供了宪法依据。

（2）法律

"一法二决定"奠定了我国个人信息保护的法律基础。早在 2000 年，全国人大常委会就通过了《关于维护互联网安全的决定》，将信息安全视为互联网安全的重要内容，明确规定国家保护能够识别公民个人身份和涉及公民个人隐私的电子信息，采取刑事制裁手段维护信息主体权利。

2012 年，全国人大常委会通过《关于加强网络信息保护的决定》，明确个人电子信息为"能够识别公民个人身份和涉及公民个人隐私的电子信息"，对收集、使用、保存个人电子信息做出了系统性规范，对违反义务的主体需要承担的民事、行政和刑事责任进行了规定。

2016 年 11 月 7 日，全国人大常委会通过了《中华人民共和国网络安全法》，该法设专章对信息安全进行规定，系统规范了个人信息收集、存储、使用等方面的要求，进一步加强了个人信息安全的法律要求。

部门法确立了个人信息保护的相关法律制度。民法层面，《民法总则》《侵权责任法》等关于个人信息、人格权保护与侵权救济的条款确立了个人信息权，奠定了个人信息保护的民事制度基础。刑法层面，《刑法修正案（五）》《刑法修正案（七）》新增了"窃取、收买、非法提供信用卡信息罪""出售、非法提供公民个人信息罪"和"非法获取公民个人信息罪"，《刑法修正案（九）》放宽了侵犯公民个人信息罪的主体范围。经济法层面，2013 年 10 月修订的《消费者权益保护法》规定了经营者收集、使用消费者个人信息时需要遵循的原则和承担的义务，包括明示收集、使用信息的目的、方式和范围，并经消费者同意；应当公开其收集、使用规则，不得违反法律、法规的规定和双方的约定收集、使用信息等。

（3）行政法规和部门规章

2013 年 1 月发布的修订版《征信管理条例》，对征信机构采集、整理、保存、加工个人信息的要求进行了系统且全面的规范。

2013 年 7 月，工业和信息化部发布《电信和互联网用户个人信息保护规定》，专门规定了电信业务经营者及互联网信息服务提供者在个人信息收集、使用和安全保障方面的要求，以及相应的法律责任。

此外，《人民银行关于银行业金融机构做好个人信息保护工作的通知》《地图管理条例》等法律法规也从行业监管角度对个人信息收集、使用、安全保障等进行了明确。

（4）司法解释

2014 年 6 月，最高人民法院发布了《关于审理利用信息网络侵害人身权益民事纠纷案件适用法律若干问题的规定》，对利用网络公开他人个人信息行为的侵权责任认定加以规定，明确了个人信息的法律内涵及侵权责任承担方式。

2017 年 5 月，最高人民法院、最高人民检察院发布《关于办理侵犯公民个人信息刑事案件适用法律若干问题的解释》，对侵犯公民个人信息犯罪的定罪量刑标准和有关法律适用问题做了全面、系统的规定。

第二，标准先行，探索个人信息保护的中国方案。

网络安全标准化是网络安全保障体系建设的重要组成部分，在构建安全的网络空间和推动网络治理体系变革方面发挥了基础性、规范性、引领性的作用。随着网络信息技术的快速发展和应用，个人信息保护问题日益凸显，对我国加快制定个人信息保护相关标准提出了更高的新要求。

为了适应新形势下网络安全标准工作要求，我国构建了统筹协调、分工协作的工作机制，全国信息安全标准化技术委员会（简称"全国信安标委"）在国家标准委的领导下，在中央网信办的统筹协调和有关网络安全主管部门的支持下，对网络安全国家标准进行统一技术归口，统一组织申报、送审和报批。目前，全国信安标委下设七个工作组：信息安全标准体系与协调工作组、密码技术工作组、鉴别与授权工作组、信息安全评估工作组、通信安全标准工作组、信息安全管理工作组、大数据安全标准特别工作组。其中，大数据安全标准特别工作组具体承担数据安全、个人信息保护相关国家标准的制定工作。

（1）公用及商用服务信息系统个人信息保护指南

我国个人信息保护标准的研制工作起步较早。2013 年 2 月，首个个人信息保护相关国家标准《信息安全技术 公用及商用服务信息系统个人信息保护指南》就已开始实施。标准明确要求，处理个人信息应有特定、明确和合理的目的，需获得个人信息主体的知情同意，并在达成个人信息使用目的后删除个人信息。

（2）个人信息安全规范

《信息安全技术 个人信息安全规范》（2017 版）国家标准于 2017 年 12 月 29 日正式发布，并于 2018 年 5 月 1 日起实施。作为落实《网络安全法》的重要支撑文件，《信息安全技术 个人信息安全规范》对个人信息控制者在收集、保存、使用、共享、转让及公开披露等信息处理环节中的相关行为进行了规范，旨在遏制个人信息非法收集、滥用、泄露等乱象，最大程度地保障个人合法权益和社会公共利益。目前，全国信安标委已启动《信息安全技术 个人信息安全规范》修订工作，增加了"不得强迫收集个人信息""第三方接入管理"等相关要求，个人信息保护标准正逐渐完善。

（3）大数据服务安全能力要求

《信息安全技术 大数据服务安全能力要求》国家标准明确了大数据服务提供者应具有的基础安全要求和数据生命周期相关的安全要求，将大数据服务安全能力分为一般要求和增强要求两个级别。关于一般要求，大数据服务提供者应能够抵御或应对常见的威胁，将大数据服务受到破坏后的损失控制在有限的范围和程度内，具备基本的事件追溯能力；关于增强要求，大数据服务提供者应具备主动识别并防范潜在攻击的能力，能高效应对安全事件并将其损失控制在较小范围内，保证安全事件追溯的有效性，以及大数据服务的可靠性、可扩展性和可伸缩性。

此外，《信息安全技术 个人信息安全影响评估指南》《信息安全技术 个人信息去标识化指南》《信息安全技术 数据出境安全评估指南》《信息安全技术 数据安全能力成熟度模型》等个人信息安全相关国家标准也在加快研制过程中。

第三，强化监管，多部委组织开展专项行动。

近年来，为了加强个人信息保护，保障个人合法权益，工业和信息化部、公安部持续加大监督检查力度，初步形成了常态化的监管机制。

工业和信息化部连续9年组织开展网络安全检查，发现并督促整改了大量数据安全漏洞和隐患，指导企业落实网络数据安全和用户信息保护法律法规，提升网络数据安全保障能力。

公安部自2012年起，先后多次部署全国各地公安机关开展集中打击侵犯公民个人信息犯罪行动，在31个省（区、市）和新疆生产建设兵团公安机关建立了反诈骗中心，统筹协调打击利用公民个人信息实施的电信网络诈骗犯罪，近两年共侦破侵犯个人信息犯罪相关案件3700余起，抓获犯罪嫌疑人11000余名。

2016 年 1 月至 2018 年 9 月，我国检察机关共起诉侵犯个人信息犯罪 8700 多人。

针对个人信息收集乱象，中央网信办、工业和信息化部、公安部、国家标准委等四部门于 2017 年 7 月启动"个人信息保护提升行动"之隐私条款专项工作，围绕 App 产品和服务广泛存在的隐私条款笼统不清、不主动向用户展示隐私条款、征求用户授权同意时未给用户足够的选择权、大量收集与提供所谓服务无直接关联的个人信息等行业痛点问题，开展对微信、新浪微博、淘宝、京东商城、支付宝、高德地图、百度地图、滴滴、航旅纵横及携程网共 10 款网络产品和服务的隐私条款评审工作，旨在推动互联网企业更加重视个人信息保护，形成社会引导和示范效应，带动行业个人信息保护水平的整体提升。

开展隐私条款专项工作是政府部门开展"个人信息保护提升行动"的一次有益尝试，参评的 10 款产品和服务在隐私政策方面均有不同程度的提升，均能做到明示其收集、使用个人信息的规则，并征求用户的明确授权。微信、淘宝网等部分产品运用增强式告知、即时提示等方式，在注册和使用环节引导用户阅读、了解隐私条款的核心内容；主动区分核心功能和附加功能提供用户选择。少部分产品提供了更便利的在线"一站式"撤回和关闭授权，在线访问、更正、删除其个人信息，在线注销账户等功能。

此次专项工作还引导 10 家互联网企业共同发起并签署了个人信息保护倡议书，呼吁行业尊重用户知情权，尊重用户控制权，遵守用户授权并强化自我约束，保障用户信息安全，保障产品和服务的安全可信，联合抵制黑色产业链，倡导行业自律，接受社会监督。

如果说开展隐私条款专项工作还是以引导行业自律为主，那么 App 违法违规收集使用个人信息专项治理活动就可以称得上是重拳出击。

2019 年 1 月 25 日，中央网信办、工业和信息化部、公安部、国家市场监管总局举行"App 违法违规收集使用个人信息专项治理"新闻发布会，正式对外发布《关于开展 App 违法违规收集使用个人信息专项治理的公告》，自 2019 年 1 月至 12 月在全国范围组织开展 App 违法违规收集使用个人信息专项治理。

App 违法违规收集使用个人信息专项治理工作可以视为隐私条款专项工作的全面升级。具体地说，二者之间存在以下区别。

内容上，App 违法违规收集使用个人信息专项治理工作像是隐私条款专项工作的延续，但更加强调对隐私条款内容落实情况的监管、对 App 定向推送的管理及对个人信息的保护。

手段上，App 违法违规收集使用个人信息专项治理工作侧重于加强对违法违规收集使用个人信息行为的监管和处罚。相关处罚措施包括以下几项：责令 App 运营者限期整改；逾期不改的，公开曝光；情节严重的，依法暂停相关业务、停业整顿、吊销相关业务许可证或吊销营业执照。处罚的力度比隐私条款专项工作要大几个数量级。与此同时，在专项行动中，公安机关将开展打击整治网络侵犯公民个人信息违法犯罪专项工作，依法严厉打击针对和利用个人信息的违法犯罪行为。

机制上，App 违法违规收集使用个人信息专项治理工作不再局限于行业倡议，而是提出组织建立 App 个人信息安全认证制度，鼓励 App 运营者自愿通过 App 个人信息安全认证，鼓励搜索引擎、应用商店等明确标识并优先推荐通过认证的 App，旨在从源头上规范 App 运营商研发和推广，以实际行动打造健康、规范的行业生态。

我们有理由相信，在 App 违法违规收集使用个人信息专项治理工作的推动下，App 强制授权、过度索权、超范围收集个人信息的现象将得到有效遏制，以尊重用户合法权益为核心的行业生态将逐步建立。

第四，加强宣传，提升个人信息安全意识。

近年来，我国持续开展相关工作，推动个人信息安全意识提升。自 2017 年开始，国家网络安全宣传周设立个人信息保护日，使公众更好地了解、感知身边的网络安全风险，增强网络安全意识，提高网络安全防护技能。自 2014 年开始，北京市政府正式批准将每年 4 月 29 日设为"首都网络安全日"，通过开展丰富多彩的系列宣传活动，倡导首都各界和网民群众共同提高网络安全意识、承担网络安全责任、维护网络社会秩序。这些方式已经在全社会起到了重要的宣传和引导作用，对于提升公众自我保护意识和维权意识起到了非常重要的作用。

7.4.2 个人信息保护的痛点和难点

当前在个人信息保护方面，我国依然存在很多痛点和难点。其主要表现在两个方面。第一，相关规定过于抽象，往往只是一个概念或一个具体要求（通常是禁止性要求），缺乏系统的整体制度设计。例如，虽然法律法规已经明确了用户对个人信息所享有的知情权和选择权，但对网络运营商履行义务的具体要求和方式并没有明确规定。在实践中，网络运营商采取"霸王条款""一揽子同意""默认同意选项"等方式，强迫、欺骗用户同意收集用户大量敏感和不必要的信息，实际上用户完全失去了对个人信息的控制权。第二，未建立统一的立法规划与数据保护执法机构，导致现有法律法规对个人数据的保护力度相对较小。

造成这种现象的原因主要有两点。一是个人信息权的私权属性尚未明确。

我国采取人格权＋网络运营商责任路径来保护个人信息，法律未清晰地明确个人信息的财产权地位。对于个人信息权的财产利益保护，法律还未明确具体的保护模式，导致个人信息保护重责任追究，尤其是刑事责任追究，而轻过程规范和综合治理。因此，发生数据控制者和处理者的内部数据安全保护与个人信息保护脱节等问题。二是数据权属关系不明。参与交易的主体对交易数据拥有的权限、数据的定价机制以及数据交易各主体法律关系和权限还不明晰，不能反映数据经济结构关系的实际特点和内在需求，无法有效治理数据流转的全生命周期中的安全风险和无序竞争。

另外，云计算、大数据、移动互联网、物联网等新技术的发展，推动了新业务、新应用的不断涌现和更迭，促进了数据采集、存储等方式的变革。由于数据挖掘利用方式更为复杂多变，数据主体对数据的控制力日益薄弱，数据采集、存储、开放共享等各个环节的安全隐患随之增加。第一，传统数据保护的"匿名化"措施失效。随着数据来源、数量、种类的大规模聚集，以及数据分析技术的应用，已经难以确保个人信息的"去身份化""不可识别性"。例如，哈佛大学教授拉塔尼娅·斯威尼的研究显示，只要知道一个人的年龄、性别和邮编，并与公开的数据库交叉对比，便可识别出 87% 的人的身份。第二，透明度原则受到冲击。透明度原则是指应当告知数据主体其个人数据处理的基本情况。例如，在数据收集环节，通过隐私通知形式告知数据主体数据处理的目的。而在大数据背景下，数据主体很难知道数据收集、分析与利用是否基于特定的目的。第三，"通知—同意"规则难以有效执行。在大数据背景下，"通知—同意"规则的执行难度和成本大大增加。例如，云服务商的海量数据需逐一获得用户明示同意，耗费巨大成本，而且数据主体也需反复签署同意书，耗费时间和精力，不利于数据的有效利用。第四，责任追究的难度加大。在云环境中，个人数据安全风险存在于数据存储、传输、处理及销毁等全生命周期中，涉及政府、数据控制者、数据处理者、数据主体等多方主体参与者，责任主体的多元化使责任认定难度增加。此外，越来越多的企业聚集成共同利益集团，在集团内部进行数据的共享，同一数据需要供给多个主体使用，即呈现"多对多"的模式。在这种模式下，由于接口的多样性，数据往往会被多个主体访问和使用，因而难以辨识责任主体。

同时，政府的监管执法能力也显得不足。例如，个人信息保护的监管措施包括行政备案、日常监督检查、专项检查及行政处罚等传统行政管理手段，比较简单和单一，触及不到复杂的数据收集、存储、处理等内部各环节，以及网络安全防护、管理不足等外在的安全隐患，不足以有效管控数据全生命周期的安全。再如，日常监督检查较频繁，大多停留在限期整改的阶段，针对个人信息泄露事件的行政处罚比较有限。目前，我国个人信息保护在行政执法领域主要依据《消费者权益保护法》《网络安全法》。《网络安全法》的执法力度相对较大。此外，监测追溯、证据采集和固定等技术手段不足，执法力量和能力还十分薄弱，行政机关和公安机关未能形成合力，行刑衔接不到位，缺乏全面有效的打击和惩处措施，无法形成严密的法网，执法利剑尚未出鞘，难以对违反个人信息保护规定的违法犯罪行为形成有效的震慑。

7.4.3 责任共担、国家、企业、个人

（1）加快法制建设，国家要行动

国家应尽快出台《个人信息保护法》。

首先，《个人信息保护法》需进一步明确个人信息的范围。目前，我国两份重要文件对个人信息的界定存在显著差异。《网络安全法》将个人信息定义为"以电子或者其他方式记录的能够单独或者与其他信息结合识别自然人个人身份的各种信息"，这是从识别角度定义个人信息。而《信息安全技术　个人信息安全规范》国家标准则认为个人信息是"以电子或者其他方式记录的能够单独或者与其他信息结合识别特定自然人身份或者反映特定自然人活动情况的各种信息"，这是从识别和关联两个角度定义个人信息，并将个人通话记录、个人浏览记录等难以直接识别个人身份，却能"反映特定自然人活动情况的各种信息"也归为个人信息之列。从字面上看，国家标准虽然扩大了法律关于个人信息的界定范围，但将个人通话记录等信息作为个人信息似乎又是合乎情理的结果。另外，随着大数据技术的快速发展，海量信息的比对分析能大大提升个人信息的识别能力，个人信息的边界愈发模糊，以《个人信息保护法》对个人信息的定义、边界进行统一和明确的规范势在必行。

其次，要以立法的形式明确信息主体的各项权利。目前，美国、欧盟等国家和地区的法律规定的个人信息主体权利，包括知情同意权、访问权、被遗忘权、更正权及数据携带权等。我国并没有建立完整的个人信息主体权利体系，分散的规定不利于个人合法权益的维护。2017 年 3 月，吴晓灵、周学东以及其他 45 位全国人大代表提交了《关于制定〈中华人民共和国个人信息保护法〉的议案》，并附上了《中华人民共和国个人信息保护法（草案）》。该草案充分借鉴了欧美的立法实践，提出了信息决定、信息保密、信息查询、信息更正、信息封锁、信息删除、信息可携带及被遗忘等个人信息主体享有的支配、控制并排除他人侵害的基本权利。其中，信息封锁权给予了信息主体请求处理者暂时停止或限制对该个人信息进行处理的权利，该权利与删除权和被遗忘权一道，充分保障了信息主体对个人信息的控制权利。新的《个人信息保护法》还应对数据权属问题给出解答。关于数据权属问题，前文已有详细分析，此处不再赘述。

最后，通过立法完善个人信息收集及使用规则。目前，《网络安全法》规定，网络运营者收集、使用个人信息需经用户知情同意，并遵循"合法、正当、必要"原则。然而，《网络安全法》未对"正当、必要"的界定和用户知情同意的方式做出具体规定，知情同意在实践中也面临挑战。《个人信息保护法》可在《网络安全法》的基础上，进一步明确各类数据控制及处理主体收集、利用和处理个人信息的基本原则。

除了加强立法，我国还要加强对个人信息保护的监管。具体地说，主要做到以下三点。

第一，加快研究制定个人信息安全保护相关标准。虽然我国已相继出台了《信息安全技术　个人信息安全规范》《信息安全技术　大数据服务安全能力要求》等国家标准，但在个人信息保护方面仍有大量工作要做。我国应尽快制定个人信息分级分类标准，区分可使用、可交易的商业数据信息和不可使用、不可交易的数据信息（商业秘密等），明确界定个人一般信息和个人隐私（或敏感）信息；根据相关数据信息的属性（包括商业属性和人身属性等）、所属领域和类别、可对数据信息权利人造成的影响等多方面对其分类，再根据具体的类别给予相应的保护；尽快制定个人信息去标识化指南，提炼业内当前通行的最佳实践，规范个人信息去标识化的目标、原则、技术、模型、过程和组织措施，提出能有效抵御安全风险、符合信息化发展需要的个人信息去标识化指南。同时，我国也需要加快研制数据出境安全评估指南、数据安全能力成熟度模型等与个人信息安全相关的国家标准。

第二，创新个人信息保护监管手段。我国应不断创新监管手段，适当引入第三方认证监测机制，引导数据安全服务市场健全发展，提升网络运营者个人信息保护的主动性。2018年5月10日，根据《中央编办关于中国信息安全认证中心更名的批复》（中央编办复字〔2018〕10号），中国信息安全认证中心正式更名为中国网络安全审查技术与认证中心。该中心的成立，有助于加快推进数据安全评估工作，开展App个人信息安全认证，督促企业完善数据全生命周期的安全防护，带动行业整体用户个人信息保护水平的提升。

第三，强化执法能力建设。长期以来，个人信息保护监管大多停留在限期整改的阶段，针对个人信息泄露事件的行政处罚比较有限。我国需要强化对数据收集、存储、使用等行为的监督检查力度，督促并指导企业加强对数据生态的管理，严厉打击违法犯罪行为；构建以风险控制为导向的监管方式，改变合规性逐项检查监管模式，采取"多元化策略＋外部认证监督"的方式，由网络运营者根据保护用户信息安全的需要设定多元化的权利保障政策或措施，由政府根据评估认证结果对内部政策、制度是否合规进行外部监督。

（2）保护数据源头，企业要自律

在企业眼里，个人信息意味着商业开发的场景和价值；在用户眼里，个人信息意味着权益和安全。企业利益与个人隐私注定在天平的两端，相对的平衡是双方共同寻找的答案。长期以来，天平一直向企业端倾斜。然而，随着公众个人信息保护意识的觉醒，个人的每一次投诉、企业的每一个隐私热点事件、政府部门的每一次监管执法、司法部门的每一次诉讼判例都是个人端的一次次加码。在重重压力下，企业应该如何在隐私泄露的舆情中消除用户疑虑呢？毫无疑问，企业必须将个人信息保护放在首位，同时意识到降低个人信息保护投入或开展恶意操纵价格等均是短视行为，将给企业带来口碑下降和司法监管的压力，因而应当从自身的长远利益出发，保护好个人信息。因此，企业在以下三个方面进行了尝试。

第一，设定危险权限。例如，为了更好地保护用户数据安全，安卓希望通过用户控制 App 获取权限来更好地管理个人信息，维护个人权益。因此，安卓将获取后会"对用户隐私或设备操作造成很大风险"的权限设定为危险权限，包括获取地理位置、读取联系人、访问照相机及录音等，具体权限说明如表 7-2 所示。同时，安卓 6.0 版本以上已强制规定，涉及用户隐私的危险权限，App 必须通过系统给用户明确提醒，并获得用户的明确授权。

表 7-2 安卓系统危险权限列表

编号	权限组	权限
1	CALENDAR：日历	• READ_CALENDAR：允许程序读取用户日历数据 • WRITE_CALENDAR：允许程序写入但不读取用户日历数据
2	CAMERA：照相机	• CAMERA：请求访问使用照相设备
3	CONTACTS：联系人	• READ_CONTACTS：允许程序读取用户联系人数据 • WRITE_CONTACTS：允许程序写入但不读取用户联系人数据 • GET_ACCOUNTS：允许应用程序获取手机已知的账户列表
4	LOCATION：地理位置	• ACCESS_FINE_LOCATION：允许程序访问准确的（GPS）位置 • ACCESS_COARSE_LOCATION：允许程序访问 Cell ID 或 Wi-Fi 热点来获取粗略的位置
5	MICROPHONE：麦克风	• RECORD_AUDIO：允许程序录制音频
6	PHONE：电话	• READ_PHONE_STATE：允许程序读取手机状态和身份（有此权限的应用程序可确定此手机的号码和序列号，是否正在通话，以及对方的号码等） • READ_PHONE_NUMBERS：允许程序读取设备的电话号码

（续表）

编号	权限组	权限
6	PHONE：电话	• CALL_PHONE：允许程序直接拨打电话号码（允许程序在您不介入的情况下拨打电话。恶意程序可借此在您的花费单上产生意外通话费） • ANSWER_PHONE_CALLS：允许程序接听来电 • READ_CALL_LOG：允许程序读取通话记录 • WRITE_CALL_LOG：允许程序写入但不读取通话记录 • ADD_VOICEMAIL：允许程序将语音邮件加入系统中 • USE_SIP：允许程序使用 SIP 服务 • PROCESS_OUTGOING_CALLS：允许程序查看在拨出电话期间拨打的号码
7	SENSORS：传感器	• BODY_SENSORS：允许程序访问身体传感器数据
8	SMS：短信	• SEND_SMS：允许程序发送短信 • RECEIVE_SMS：允许程序接收和处理信息 • READ_SMS：允许程序读取短信 • RECEIVE_WAP_PUSH：允许程序接收和处理 WAP 信息 • RECEIVE_MMS：允许程序接收和处理彩信
9	STORAGE：存储	• READ_EXTERNAL_STORAGE：允许程序读取外部存储 • WRITE_EXTERNAL_STORAGE：允许程序写入外部存储

目前，安卓定义了 9 组 26 个危险权限，但是应用中涉及"危险"操作的功能远远多于 26 个，必然导致"危险"权限与"危险"功能之间的一对多关系。例如，地图类应用获取地理位置一般是提供导航服务，生活服务类应用则可能基于地理位置实现餐饮、购物推荐等服务；摄影类、社交类 App 访问照相机可能是为了拍照，支付类 App 访问照相机则更可能是为了扫码付款。

此外，权限内容的描述比较简洁，大量用户对其具体指代内容也不甚清楚。例如，读取手机状态和身份权限（READ_PHONE_STATE）主要是指获取手机的 IMEI 码，该识别码就像手机的身份证，是全球唯一的，可用来统计某一应用的使用人数；短信权限包括发送、接收和读取短信的权限，读取短信通常是为了帮助用户填写登录验证码，一些杀毒类 App 因提供拦截恶意短信的功能也需要获取该权限。

第二，规范应用隐私条款。在网络社会不断发展壮大的今天，如何更好地保护公民个人隐私，也是世界各国企业共同面临的难题，规范应用隐私条款成为诸多企业改善用户体验、加强隐私保护的第一选择。

隐私政策是企业与用户之间关于如何处理和保护用户个人信息的基本权利义务的文件，用于告知用户个人信息被收集、使用、共享等情况。它不仅是对企业的束缚，也是企业提示用户自主、自愿、合理提供和处理个人信息，并区分与用户的责任的依据。

目前，隐私条款的更新设计已成为企业自律的主要手段。腾讯、百度、知乎、阿里巴巴等互联网企业纷纷通过完善隐私政策赋予用户更大的个人信息保护权，使用户在享受互联网服务的同时能更清楚数据收集、处理的规则和行权路径，能对自身产生的数据有更大的掌控权。正如蚂蚁金服首席法务官陈磊明所言，数据安全和用户信息保护是对互联网企业的核心基本要求，隐私政策的完善和提升不仅要符合法律法规和监管规定，更是维护市场信心和获得用户信任的基石。

第三，设立数据安全官。根据 GDPR 规定，数据控制者和处理者应当任命一名数据安全官，能够适当及时地参与有关个人数据保护的所有事宜，并能够独立地执行任务，而且不会因此受到控制者或处理者的解雇或处罚。虽然我国《网络安全法》等相关法律法规并没有要求设置"数据安全官"这个职位，但是考虑到满足欧美国家和地区对数据安全合规的需求，进一步加强个人隐私保护，设置数据保护官必将是我国企业内部数据合规的重要一步。2018 年 6 月，中国东方航空集团有限公司任命总法律顾问郭俊秀为企业数据保护官，全面负责企业的数据保护与合规运营工作，该公司已成为我国首家设立数据保护官的企业。

大数据时代，用户信息的收集、使用时时刻刻都在进行，即使用户百般小心，也难以阻挡企业获取用户数据。但是从长远来看，企业只有在充分保障个人信息安全的前提下开展业务经营活动，才能获得可持续性的发展。因此，企业应该主动承担其保护个人信息的责任和使命，在挖掘数据价值的同时要自觉加强对个人信息的保护。笔者认为，企业应坚持从源头开始保护数据安全，从以下三个方面进一步加强自律。

一是重视隐私条款政策的制定和规范性。参考"个人信息保护提升行动"之隐私条款专项工作的相关要求，笔者认为，企业设计隐私政策要符合自身的基本情况和所处行业的特征，不能生搬硬套。首先，要明确告知用户，企业收集、利用及保护个人信息的方式；其次，要使用浅显易懂的表达方式，明确告知用户收集数据的类型、使用目的，并在获得用户明确同意的情况下进行相关数据操作；再次，要为用户删除数据、注销账户提供渠道，明确对用户数据的共享、发布方式，确保不会侵犯个人隐私；最后，要明确告知用户发生争议时的询问和投诉渠道，以及争议解决机制等。当然，企业也要积极探索创新的隐私条款展现方式，例如，隐私条款使用"弹窗告知"、敏感信息采集进行"即时提示"等。

二是要承担起保护用户个人信息的责任。企业应加强对处理个人信息的员工的约束，明确其安全职责，加强对员工的安全培训；对访问个人信息的内部数据操作人员进行严格的访问权限控制，确保只接触最少的个人信息；加强审计，确保数据操作雁过留痕。企业应将个人信息保护理念融入自身的运营管理全流程，在产品及服务设计阶段进行风险预测，将必要的隐私设计纳入产品及服务的最初设计之中；定期开展个人信息安全影响评估，根据评估结果采取适当措施，降低侵害个人隐私的风险。

三是管理和技术手段结合，保护用户个人信息。针对云计算、大数据等新技术新业务带来的个人信息保护挑战，企业必须与时俱进，进一步加强大数据环境下网络安全防护技术建设，推进大数据环境下防攻击、防泄露、防窃取的监测、预警、控制和应急处置能力建设，做好大数据平台的可靠性及安全性评测、应用安全评测、监测预警和风险评估，提升重大安全事件应急处理能力。

（3）维护自身权益，个人要加强

长期以来，我国公民的个人隐私保护意识相当淡薄。据统计，2013年只有50%的中国人认为在网络上分享个人信息时必须保持高度的警惕。而在美国，这个比例高达83%。与自我保护意识不足相一致，我国公民的维权意识更是不足。中国青年政治学院互联网法治研究中心与封面智库于2016年10月24日联合发起的《你的隐私泄露了吗？——个人信息保护情况调研》问卷调查显示，个人信息安全防范意识不强为侵害行为提供了可乘之机，仅有20%的参与调研者在发现个人信息遭受侵犯时采取投诉、举报和报警等积极应对措施。

如果说个人保护意识和维权意识不强属于主观上的缺失，那么目前造成个人信息保护不力的客观因素也比比皆是。例如，当前个人信息被侵犯的投诉举报渠道不畅通，多数网络运营商缺乏投诉举报制度和渠道，行政机构之间职责不明导致相互推诿，而且因调查难度较大，处理相关举报的积极性不高。即使有些用户用法律手段提起了诉讼，胜诉的概率也比较小。尤其以侵犯隐私权为由的民事诉讼，胜诉率非常低，导致大家的维权动力普遍不足。因为个人信息泄露主体难以明确，而原告对此也难以举证，司法机构常因无法认定侵犯主体而无法确立侵权行为成立。此外，经济损失额度的证明也存在困难，可获赔偿额度较低。因证据提供、责任认定等困难，对于被侵犯个人信息的用户来说，很难有动力去投入大量的精力和成本进行维权。

因此，每位公民都应该以更加积极主动的姿态参与到保护个人信息的大军中，建议从以下几个方面入手。

首先，认识到个人信息泄露的严重后果。较直接的个人信息泄露后果包括垃圾短信和邮件不断推送、骚扰和推销电话接二连三、被冒名办理信用卡透支消费及被诈骗团伙要求转账等。此外，还有一些不易被发现的个人信息泄露的后果。例如，大数据杀熟和动态定价导致个人利益受损；通过手机通信录匹配挖掘个人社交网络链，造成人际关系信息泄露。

其次，加强自我保护意识和提升保护技能。一方面，避免个人信息被泄露。例如，尽可能少地让手机 App 访问存储照片、通信录、地理定位、消费记录和快递等信息，避免连接公共场所的 Wi-Fi，考虑关闭 IMEI 等手机设备标识信息，设置手机浏览器阻止第三方 Cookie，等等。另一方面，在消费过程中尽可能做到货比三家，选择合适的商家购买产品。这样做能够在一定程度上避免被大数据杀熟，提高自身的价格敏感程度。

最后，了解与个人信息保护相关的法律法规，做到知法懂法、守法用法。一方面，注意留存大数据杀熟、动态定价、价格操纵和个人信息泄露的相关证据；另一方面，应了解我国个人信息保护的相关法律，如《网络安全法》和《消费者权益保护法》，一旦发现个人信息泄露和违法使用的行为，立即向监管部门举报，依法维护好自身权益。

三个"不危害"：基于数据跨境流动的治理策略

7.5

7.5.1 我国数据跨境流动相关政策

两个重要手段：安全评估与安全审查

（1）安全评估

2016 年 11 月 7 日，十二届全国人大常委会经表决高票通过了《中华人民共和国网络安全法》（简称《网络安全法》）。作为我国第一部全面规范网络空间安全管理问题的基础性法律，《网络安全法》为网络安全工作提供了切实的保障，并对数据跨境流动提出了安全评估的要求。其第 37 条规定，"关键信息基础设施的运营者在中华人民共和国境内运营中收集和产生的个人信息和重要数据应当在境内存储。因业务需要，确需向境外提供的，应当按照国家网信部门会同国务院有关部门制定的办法进行安全评估；法律、行政法规另有规定的，依照其规定"。这一对关键信息基础设施运营者在中国境内收集的个人信息和重要数据所奠定的"境内部署 + 出境评估"规则，在国家法律层面确立了"全局监管"维度的数据信息跨境传输规范。

然而，对于个人信息和重要数据出境安全评估内容、流程、范围等具体情况，《网络安全法》中并没有具体的说明。按照其规定，《个人信息和重要数据出境安全评估办法（征求意见稿）》（简称《评估办法》）应运而生。《评估办法》于2017 年 4 月由国家互联网信息办公室发布。作为《网络安全法》的延伸与补充，

《评估办法》对数据出境安全评估内容做出了详细解释，并按照数据的重要程度规定了两种评估程序，即自行评估和监管机构评估。按照《评估办法》第7条的规定，网络运营者应在数据出境前，自行对数据出境进行安全评估，并对评估结果负责。第8条则对数据出境安全评估的重点内容进行了明确，包括数据出境的必要性、涉及个人信息和重要数据情况、数据接收方的安全保护能力水平，以及数据出境和出境数据汇聚可能对国家安全、社会公共利益、个人合法利益带来的风险等。

对于《评估办法》规定的特殊情形的数据出境，按照第9条的规定，网络运营者应报请行业主管或监管部门组织安全评估。启动监管机构评估程序的适用情形包括含有或累计含有50万人以上的个人信息，数据量超过1000GB，包含核设施、化学生物、国防军工、人口健康等领域数据，大型工程活动、海洋环境以及敏感地理信息数据等。《评估办法》的出台进一步完善了我国的网络安全监管体系。

2017年5月，全国信息安全标准化技术委员会发布《信息安全技术 数据出境安全评估指南（草案）》（简称《评估指南》）。《评估指南》规定了数据出境安全评估流程、评估要点、评估方法等内容，还首次公布了重要数据识别指南，列举了27个行业的重要数据的范围，为个人信息和重要数据出境评估提供了规范性指导，为防止因数据流动带来的安全风险提出了指引性措施。

综合来看，网络运营者需对所有数据出境进行自评估；对于满足相应条件的数据出境，网络运营者需报告行业监管部门或国家网信部门进行监管机构评估。

数据出境安全风险自评估应先评估数据，判断其出境目的。如果数据出境的目的不具有合法性、正当性和必要性，那么数据不得出境。其中，合法性是指数据不属于法律法规明令禁止的，或国家网信部门、公安部门、安全部门等有关部门认定不能出境的类型；正当性是指数据出境必须经个人信息主体同意，并且不违反相关主管部门的规定；必要性则是指由于履行合同义务，或由于政府与其他国家和地区、国际组织签署的条约及协议，数据必须出境。

完成对出境目的的评估后，应再对数据出境安全风险进行评估。评估数据出境的安全风险，应综合考虑出境数据的属性、数据出境发生安全事件的可能性及影响程度。从数据属性来看，个人信息数据应从数据类型、数量、范围、敏感程度和技术处理等角度进行评估；重要数据应从数据类型、数量、范围和技术处理等角度进行评估。从数据出境安全事件的可能来看，应从发送方数据出境的技术和管理能力、数据接收方的安全保护能力、采取的措施，以及数据接收方所在国家和地区的政治法律环境等角度进行评估。关于数据出境评估中个人信息、重要数据、数据出境的技术和管理能力、数据接收方的安全保护能力、采取的措施，以及数据接收方所在国家和地区的政治法律环境等内容的具体评估要求及细节，企业可以参考其他相关法律法规、国家标准的规定。出境安全风险等级判定为高或极高的数据，禁止其出境。

对于不满足合法、正当、必要这三大要求或经评估后不满足风险可控要求的数据出境计划，网络运营者可对其进行修正，或采用相关措施降低数据出境风险，并重新开展风险评估。数据出境安全风险自评估流程如图7-8所示。

（2）安全审查

2017年5月2日，国家互联网信息办公室正式发布《网络产品和服务安全审查办法（试行）》（简称《审查办法（试行）》），对网络产品和服务提出了具体的安全审查意见。

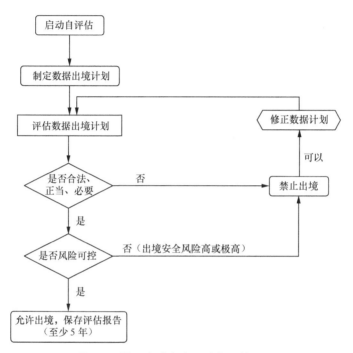

图 7-8　数据出境安全风险自评估流程

在此之前,政府部门并没有出台或发布专门针对网络产品和服务安全审查的相关条例,只是在一些涉及信息系统的文件中提出部分会达到一定安全审查效果的要求。例如,国家规定相关部门在构建信息系统或采购信息产品的过程中,按照要求邀请国家级安全测评机构对其系统和产品进行漏洞测试、风险评估等。从某种意义上讲,《审查办法(试行)》可以看作我国第一部国家层面的网络安全审查规则。

《审查办法(试行)》规定,国家互联网信息办公室会同有关部门成立网络安全审查委员会,负责审议网络安全审查的重要政策,统一组织网络安全审查工作，协调网络安全审查相关的重要问题。网络安全审查指的是网络产品和服务的安全性与可控性方面的审查，其重点审查的内容是网络产品和服务的安全性与可控性，包括产品被非法控制、干扰和中断运行的风险，产品及关键部件生产、测试、交付、技术支持过程中的供应链安全风险，等等。网络安全审查的对象，应当是关系到国家安全的网络，以及信息系统采购的重要网络产品和服务。

《审查办法（试行）》的出台，使境内外网络产品和服务提供者将关注点从产品性能、模式、功能等转向产品安全与数据保护。无论是对我国还是境外的跨境服务商而言，其对我国公民个人信息及相关重要数据的保护程度会大幅提升。从数据跨境流动的角度来说，通过网络安全审查，可以防范境外网络产品和服务提供者非法收集、存储、处理、使用用户所在国家相关数据的风险，维护国家安全和公共利益；也可以降低网络产品和服务提供者利用境内用户对其产品和服务的依赖，损害该用户利益的风险，有效减少数据跨境过程中对数据主体个人隐私的侵害。

2019 年 5 月 21 日，为提高关键信息基础设施安全可控水平，维护国家安全，国家互联网信息办公室发布了《网络安全审查办法（征求意见稿）》，面向社会公开征求意见。

相对于《审查办法（试行）》，《网络安全审查办法（征求意见稿）》中管理者关于网络安全审查的申报责任和配合义务等问题的阐述更加清晰。例如，在采购网络产品和服务时，关键信息基础设施运营者应预判产品和服务上线运行后带来的潜在安全风险，形成安全风险报告，对可能导致关键信息基础设施整体停止运转或主要功能不能正常运行等情况的，应当向网络安全审查办公室申报网络安全审查；对于申报网络安全审查的采购活动，关键信息基础设施运营者应通过采购文件、合同或其他有约束力的手段要求产品和服务提供者配合网络安全审查，并与产品和服务提供者约定网络安全审查通过后合同方可生效等。

此外，《网络安全审查办法（征求意见稿）》还提出了关键信息基础设施运营者自查和网络安全审查办公室审查两个审查环节，并且指出"网络安全审查重点评估采购活动可能带来的国家安全风险"，比《审查办法（试行）》更聚焦于国家安全。

在安全审查的流程和时限规定方面，《网络安全审查办法（征求意见稿）》也给出了清晰的说明。例如，"审查结论建议包括通过审查、附条件通过审查、未通过审查三种情况""网络安全审查工作机制成员单位应在 15 个工作日内书面回复意见""特别审查原则上应在 45 个工作日内完成，情况复杂的可以延长"等。

行业数据跨境流动

（1）《人类遗传资源管理暂行办法》与《人类遗传资源管理条例（送审稿）》

为了更好地保护和利用人类遗传资源，1997 年，根据中央和国务院领导的批示，科技部会同卫生部广泛征求各界意见后形成了《人类遗传资源管理暂行办法（草案）》（简称《暂行办法》），于 1998 年 1 月上报国务院。国务院办公厅于 1998 年 6 月 10 日转发了该《暂行办法》。

《暂行办法》是我国发布的首个全面管理人类遗传资源的规范性文件，对我国人类遗传资源的管理体制、利用我国人类遗传资源开展国际合作和出境活动的审批程序做了规定，成为我国人类遗传资源管理的重要依据。《暂行办法》提出，国家要严格控制重要人类遗传资源的出口、出境和对外提供。根据其规定，科技部于 1999 年开始开展"涉及人类遗传资源的国际合作项目"的行政审批工作，涉及人类遗传资源材料出口、出境的国际合作项目必须填写申请表，由中国人类遗传资源管理办公室批准后核发出口、出境证明。未经批准，私自传输我国人类遗传资源材料出口、出境的，由海关没收其携带、邮寄、运输的人类遗传资源材料，并视情节轻重给予处罚或移送司法机关处理。

随着 2000 年人类基因组草图绘制工作的完成，生命科学进入了高速发展期，人类遗传资源越来越受到各国的重视，《暂行办法》本身存在的不足逐渐体现了出来。例如，对人类遗传资源违法出境的法律责任和处罚措施不明确，对人类遗传资源的国际合作项目的审批条件、程序、期限等规定不符合我国《行政许可法》的要求，等等。因此，为了适应新形势的要求，中央总结了《暂行办法》实施后的成效与不足，并积极借鉴了国际准则和国外的管理经验，于 2012 年由科技部起草《人类遗传资源管理条例（送审稿）》（简称《条例（送审稿）》）。截至 2018 年 11 月，该送审稿已经按照立法程序向全社会征求意见，上报国务院审查待批。

《条例（送审稿）》包括总则、人类遗传资源材料的收集与保藏、人类遗传资源研究开发、人类遗传资源出入境、法律责任及附则六章，保留了《暂行办法》中规定的基本原则和关于人类遗传资源国际合作与进出境管理的主要规定，并强化了一些管理制度，加大了行政处罚的力度。例如，《条例（送审稿）》中新增加了出境中国人类遗传资源应具备的条件，包括输出的目的是为了执行已经批准的合作研究开发活动，确有将人类遗传资源输出境的必要，输出后拟开展的研究开发活动符合批准的合作研究开发方案，境外接收单位是已经批准的合作研究开发活动的合作方，对中国国家安全、社会公共安全和国家利益不会造成危害，经合作各方伦理委员会审查同意，以及对中国国家安全、社会公共安全和国家利益不会造成危害，等等。《条例（送审稿）》明确规定了"未经批准，任何组织和个人不得以任何形式将在中国境内采集的中国人类遗传资源输出境"，并对人类遗传资源违法出境行为制定了比《暂行办法》更加详细的处罚措施，加大了处罚力度。

《条例（送审稿）》的出台强化了政府对中国人类遗传资源的监管，严格规范了人类遗传资源的出境要求，是科技部进一步完善人类遗传资源管理、维护国家安全的重要举措。

（2）《国家健康医疗大数据标准、安全和服务管理办法（试行）》

近年来，云服务、大数据、物联网等新兴技术与健康医疗快速融合，带来了健康医疗模式的深刻变化。党中央、国务院高度重视健康医疗大数据的创新发展。习近平总书记在中共中央政治局第二次集体学习时指出，要运用大数据促进保障和改善民生……推进"互联网＋医疗"等，让百姓少跑腿、数据多跑路，不断提升公共服务均等化、普惠化、便捷化水平。[1] 2016 年 6 月 8 日，李克强总理主持召开国务院常务会议时强调，发展和应用好健康医疗大数据，是一项重大民生工程，既可以满足群众需求，也能促进培育新业态、形成新的经济增长点。[2] 健康医疗大数据正在成为国家重要的基础性战略资源，因此需要对其存储、使用、跨境流通等加以规范。

2018 年 7 月 12 日，国家卫生健康委员会发布了《国家健康医疗大数据标准、安全和服务管理办法（试行）》（简称《管理办法》），从标准管理、安全管理、

---

[1]　来源于 2017 年 12 月 9 日央视网新闻频道。

[2]　来源于 2016 年 6 月 8 日中国政府网。

服务管理三个方面对健康医疗大数据进行了规范。《管理办法》将健康医疗大数据的"责任单位"视为关键信息基础设施运营者，规定健康医疗大数据应当存储在境内安全可信的服务器上。对于因业务需要必须向境外提供的医疗大数据，应当按照相关法律法规及有关要求对其进行安全评估审核。

这一要求与网信办将医疗卫生单位纳入"关键信息基础设施运营者"的范围进行管理一脉相承，符合《关键信息基础设施安全保护条例（征求意见稿）》中对医疗卫生单位承担数据本地化、数据出境安全评估等法律义务的要求，为医疗卫生机构、外资医院、健康管理机构等涉外医疗大数据的"责任单位"管理医疗大数据提供了标准与规范。

（3）《中国人民银行金融消费者权益保护实施办法》

银行业金融数据包括个人金融信息、金融业重要数据以及其他数据。金融数据出境是金融数据监管的重要内容，涉及个人金融信息保护、重要数据保护及金融消费者权益保护等方面的问题。

2016 年 12 月，中国人民银行发布了《金融消费者权益保护实施办法》（简称《实施办法》），从金融消费者保护的角度对金融数据存储要求、出境类型及出境要求等做出了规定。

《实施办法》指出："在中国境内收集的个人金融信息的存储、处理和分析应当在中国境内进行。除法律法规及中国人民银行另有规定外，金融机构不得向境外提供境内个人金融信息。""境内金融机构为处理跨境业务且经当事人授权，向境外机构（含总公司、母公司或者分公司、子公司及其他为完成该业务所必需的关联机构）传输境内收集的相关个人金融信息的，应当符合法律、行政法规和相关监管部门的规定，并通过签订协议、现场核查等有效措施，要求境外机构为所获得的个人金融信息保密。"

其实在这之前，我国已针对金融数据出境出台了一系列条例规定，具体内容与评价如表7-3所示。

表7-3 我国金融数据出境相关条例

出台时间	条例名称	相关内容	简要评价
2007.6	《金融机构客户身份识别和客户身份资料及交易记录保存管理办法》	金融机构与境外金融机构建立代理行或者类似业务关系时，应当充分收集有关境外金融机构业务、声誉、内部控制、接受监管等方面的信息，以书面方式明确本金融机构与境外金融机构在客户身份识别、客户身份资料和交易记录保存方面的职责	明确了对境外数据接收方应进行金融数据保护相关的资格审查，然而并没有明确说明金融数据可否出境、能出境的金融数据应达到什么条件等
2011.1	《中国人民银行关于银行业金融机构做好个人金融信息保护工作的通知》	在中国境内收集的个人金融信息的储存、处理和分析应当在中国境内进行。除法律法规及中国人民银行另有规定外，银行业金融机构不得向境外提供境内个人金融信息	确立了我国金融数据出境的基本原则：本地存储、处理、分析，原则禁止出境（例外允许）。不足之处在于对可以出境的例外情况并没有做出具体说明
2011.5	《中国人民银行上海分行关于银行业金融机构做好个人金融信息保护工作有关问题的通知》	为客户办理业务所必需，且经客户书面授权或同意，境内银行业金融机构向境外总行、母行或分行、子行提供境内个人金融信息的，可不认为违规。银行业金融机构应当保证其境外总行、母行或分行、子行为所获得的个人金融信息保密	对允许出境的金融数据做出了要求，即满足业务必需、客户同意、银行机构、确保保密。这四点也是日后金融数据出境的基本规则。然而，适用对象仅限于上海地区的银行，有一定的局限性；而且，"可不认为违规"这一说法并不等于从正面认同其具有合法性
2014.6	《中国人民银行办公厅关于2013年个人金融信息保护专项检查情况的通报》	部分外资银行将数据中心设在境外、根据母国或总行监管合规要求跨境报送数据等行为，不符合监管部门的相关规定	将"数据中心设在境外、根据母国或总行监管合规要求而出境"明确认定为不合规的数据出境场景

结合表7-3可知,《实施办法》再次确认了《中国人民银行关于银行业金融机构做好个人金融信息保护工作的通知》确立的金融数据出境原则,同时吸纳了《中国人民银行上海分行关于银行业金融机构做好个人金融信息保护工作有关问题的通知》规定的例外情形,允许在满足"业务必需、客户同意、银行机构、确保保密"的前提下个人金融数据出境。此外,《实施办法》还指出金融机构保护消费者个人金融信息安全的义务不因其与外包服务供应商合作而转移或减免,进一步强化了个人金融数据保护。

7.5.2 数据跨境流动应坚持的原则

由于数据跨境流动跨越国别,涉及国际法、国际规则及他国的法律管辖,因此较国内的数据开放共享更为复杂。本书无意建构类似美国和欧盟的数据跨境流动的具体规则,但是,我们认为,数据跨境流动至少应坚持以下三个"不危害"原则。

不危害国家安全利益

利用先进的大数据分析技术,往往能通过跨境流动的数据分析出与国家政治、经济、社会等各个领域息息相关的重要信息,一旦这些关键数据流动到境外,很有可能会影响数据主体国家的安全。以经济安全为例,有些大型跨国公司在某国开展业务,如果将数据传回本国,就可通过分析回传到主服务器上的某国居民消费数据,分析出该国居民的消费趋势,甚至预测出该国的经济发展走势,这对于该国的经济发展来说不失为一种安全威胁。事实上,互联网企业在发展海外业务时,往往需要在海外收集或产生大量数据,并将其传回本国的处理器或总部进行分析,而这些数据有可能会触及数据来源国的国家安全利益。目前,很多国家出于安全考虑，都加大了对数据跨境流动的监管力度。因此，不危害国家安全利益应该成为数据跨境流动坚持的首要原则。

不危害企业商业利益

除了不能危害国家安全外，数据的跨境流动也不能危害企业的商业利益。尤其在经济迈向全球化的今天，跨国合作已成为企业在日益激烈的国际竞争中谋求发展的重要形式之一。通过跨国合作的研发模式，不仅能够使资源、资金等得到充分利用，还有助于合作双方互相借鉴对方先进的管理与技术经验，激发创新思维，为企业创造发展的新空间。跨国合作必然离不开数据的跨境流动，倘若流动出境的数据涉及企业的基础核心技术、资金来源、财务紧张程度及行业市场规模等重要信息，那么数据接收方或其他经手者就可通过这些企业信息蓄意破坏或扰乱数据来源企业的生产业务，或通过分析这些核心数据得到不公正的优势，生产与该企业相类似或更优良的产品，以抢占国际市场，因而对数据来源企业造成巨大的财产损失，甚至影响数据来源企业所在国家的国际竞争优势。

不危害个人信息

2018 年，苹果公司被曝在没有告知用户并获得许可的情况下私自通过 iPad 和 iPhone 手机收集用户的行踪信息，用于建立用户位置信息数据库，并将境内用户信息传递到境外数据库上。事件一经曝光，立即将跨境数据中的个人信息保护问题置于风口浪尖。如今，无论是注册 App 账号，还是使用云存储软件，或者是购置新移动设备等，都离不开对个人信息的设置以及收集使用授权。常见的个人信息包括用户姓名、性别、身份证号码以及通信地址，个别网站或设备还会要求用户提供出生日期、工作单位等详细信息。而且，用户在使用电子设备或浏览网页时，一些服务器还会自动生成该用户的行为数据，如常浏览的信息类型、日常上网的时间及位置信息等。这些数据看起来似乎微不足道，但蕴藏着巨大的价值。如果放任其流动出境，极有可能对本国公民的个人信息带来侵害。例如，通过分析用户的位置信息，可以得到其活动轨迹，进而推断出职业，因而严重侵害用户的隐私；现在一些银行允许客户通过上传他们的护照扫描件来开设账户，这些证件资料也就很可能会被攻击者用来开设银行账户，并以受害者的名义获得贷款。数据跨境流动可能对数据主体的隐私或财产带来威胁，因此，不危害个人信息也应作为数据跨境流动须遵循的原则之一。

7.5.3 数据跨境流动，任重道远

（1）完善跨境数据流动的法律体系

数据跨境流动应遵循"不危害国家安全利益、不危害企业商业利益、不危害个人信息"三个原则。基于此，我国应在现有法律制度的基础上，进一步完善数据跨境流动的法律体系。

一是在《网络安全法》确立的网络安全管理框架下，尽快研究制定跨境流动的个人信息及重要数据保护法，以保障数据跨境流动中数据主体的合法权利。

二是建立数据跨境流动的配套法律体系。政府与大型成熟跨境企业联合，共同研究行业级的数据跨境流动安全管理规范，在电子商务、云服务、金融等重要领域率先出台行业数据跨境流动标准，细化各行业数据跨境流动的法律法规，提高行业监管的可操作性，明确数据收集、使用、加工、传输全生命周期的具体措施，加强事前风险研判与监测。

三是积极参与国际平台关于数据跨境流动规则的探讨和磋商。数据跨境流动是国家之间的问题，我国应利用多边、双边机制推进发展中国家数据跨境流动机制的建设，以增强在数据跨境流动领域的国际话语权。

（2）加强数据跨境流动监管

一是保障国家安全，严格监管重点领域的数据跨境流动。对通信、能源、交通、水利、金融、公共服务及电子政务等关键信息基础设施和重点领域的数据跨境流动提出严格的监管要求，控制总量数据和核心数据流出。

二是制定数据分类分级监管体系，对数据跨境流动实施分级分类管理。分行业明确重要数据的范畴，可借鉴国际经验，针对金融等涉及关键基础设施的重点领域进行数据跨境流动限制，设立数据跨境流动监管机构，对企业数据跨境流动进行实时的风险评估和梯度管理，为企业数据跨境流动提供必要的指导。

三是加大数据跨境流动管理方面的研究，以应对可能面临的数据跨境流动问题。政府可联合企业、高校、科研机构等组建专业的研究团队，对数据跨境流动监管问题进行全面深入的研究。

（3）督促企业落实数据跨境流动的安全主体责任

一是建立企业内部数据跨境流动管理制度。在数据分级分类管理、约束合作方、保护数据主体隐私等方面形成企业内部数据规则体系，明确数据采集、运输、存储、使用等各环节的具体安全管理要求，落实对跨境数据的安全保护责任。可由行业龙头型企业主导建立跨境数据保护制度和标准，并向全行业推广实施。龙头型企业也可以借鉴国外经验，建立数据跨境流动"透明度报告"制度，为我国企业的数据跨境流动提供指导。

二是企业加强跨境数据安全监测。对存储在境内的数据定期开展安全检查，对涉及出境的数据在出境前依照相关规定进行风险评估和安全审查。同时，加大对基于大数据的关键安全技术研发的投入，研究基于大数据的网络攻击追踪方法，提升数据安全保护技术水平。

三是提升企业对数据跨境流动的安全保护责任意识。企业通过开展宣传活动以及内部培训，确保相关人员明晰跨境数据保护的相关法律法规、管理机制、具体管理要求以及相关惩罚措施，承担起对数据的保护责任。